II

(積分定数は省略)

関　　数	原　始　関　数	関数	
$x^a\ (a \neq -1)$	$\dfrac{1}{a+1}x^{a+1}$	$\tan x$	$-\log|\cos x|$
$\dfrac{1}{x}$	$\log|x|$	$\dfrac{1}{\cos^2 x}$	$\tan x$
$\dfrac{1}{x^2+a^2}\ (a \neq 0)$	$\dfrac{1}{a}\tan^{-1}\dfrac{x}{a}$	$\dfrac{1}{\sin^2 x}$	$-\dfrac{1}{\tan x}$
$\dfrac{1}{x^2-a^2}\ (a \neq 0)$	$\dfrac{1}{2a}\log\left|\dfrac{x-a}{x+a}\right|$	$a^x\ \begin{pmatrix}a>0\\a\neq1\end{pmatrix}$	$\dfrac{a^x}{\log a}$
$\dfrac{1}{\sqrt{a^2-x^2}}\ (a>0)$	$\sin^{-1}\dfrac{x}{a}$	$\log x$	$x\log x - x$
$\sqrt{a^2-x^2}\ (a>0)$	$\dfrac{1}{2}\left\{x\sqrt{a^2-x^2}+a^2\sin^{-1}\dfrac{x}{a}\right\}$		
$\dfrac{1}{\sqrt{x^2+A}}\ (A \neq 0)$	$\log|x+\sqrt{x^2+A}|$		
$\sqrt{x^2+A}\ (A \neq 0)$	$\dfrac{1}{2}\{x\sqrt{x^2+A}+A\log|x+\sqrt{x^2+A}|\}$		

定積分の定義：$\displaystyle\int_a^b f(x)\,dx = \lim_{|\Delta|\to 0}\sum_{k=1}^n f(\xi_k)\,\Delta x_k\quad (|\Delta|=\max \Delta x_k)$

部分積分法：$\displaystyle\int f'\cdot g\,dx = f\cdot g - \int f\cdot g'\,dx$

置換積分法：$\displaystyle\int f(x)\,dx = \int f(\varphi(t))\varphi'(t)\,dt\quad (x=\varphi(t))$

$\displaystyle\int R\!\left(x, \sqrt[n]{\dfrac{ax+b}{cx+d}}\right)dx$ では $\sqrt[n]{\dfrac{ax+b}{cx+d}} = t$ とおく

$\displaystyle\int R(x, \sqrt{x^2+A})\,dx$ では $x+\sqrt{x^2+A} = t$ とおく

$\displaystyle\int R(\sin x, \cos x)\,dx$ では $\tan\dfrac{x}{2} = t$ とおく

部分分数：$g(x) = a_0(x-a)^k(x-\beta)^l\cdots\{(x-a)^2+b^2\}^r\{(x-c)^2+d^2\}^s\cdots$ のとき

$$\dfrac{f(x)}{g(x)} = Q(x) + \sum_{n=1}^k \dfrac{A_n}{(x-a)^n} + \sum_{n=1}^l \dfrac{B_n}{(x-\beta)^n} + \cdots + \sum_{n=1}^r \dfrac{L_n x + M_n}{\{(x-a)^2+b^2\}^n}$$
$$+ \sum_{n=1}^s \dfrac{P_n x + Q_n}{\{(x-c)^2+d^2\}^n} + \cdots$$

漸化式：$\displaystyle I_n = \int\dfrac{dx}{(x^2+A)^n}$ のとき $I_n = \dfrac{1}{A}\left\{\dfrac{x}{(2n-2)(x^2+A)^{n-1}} + \dfrac{2n-3}{2n-2}I_{n-1}\right\}$

$$\int_0^{\pi/2}\sin^n x\,dx = \int_0^{\pi/2}\cos^n x\,dx = \begin{cases} \dfrac{(n-1)\cdot(n-3)\cdots 3\cdot 1}{n\cdot(n-2)\cdots 4\cdot 2}\dfrac{\pi}{2} & (n \geq 2\,;\text{偶数}) \\[2mm] \dfrac{(n-1)\cdot(n-3)\cdots 4\cdot 2}{n\cdot(n-2)\cdots 5\cdot 3} & (n \geq 3\,;\text{奇数}) \end{cases}$$

理工系の微積分入門

安芸重雄
市原完治
楠田雅治
栗栖　忠
竹腰見昭
吉田　稔
共　著

学術図書出版社

まえがき

　本書は理工系学生のための微分積分学の教科書である．内容は1変数および多変数の関数の微分積分法，級数，および1階微分方程式とし，それらの範囲から必要と思われる題材を厳選した．本書の執筆に当たって，次のような点に留意した．

1. 微分積分の基礎的な考え方の理解と，その応用場面での計算力の習得は理工系の学生にとって必須の学習事項である．週に1回の1年間の授業で，1変数および多変数の微分積分，級数，および1階微分方程式の基本的であり，かつ理工系の学生として，必要不可欠な部分が習得できるように意図して解説した．

2. 本書では，解説，定理，およびその証明に続いて，例題をおき，定理の意味やその使い方が理解できるように詳しい説明を与えた．「練習」は本文の理解を助けるものに限り，高度なものは避けた．また，重要な定理であっても，複雑または難解な論証を要するものについてはその証明を省略した．

3. 教科書として用いやすいように，各節がほぼ1回の講義の分量となるようにした．

4. 巻末に代表的な曲線・曲面の一覧をつけた．

5. 重要な定理・公式の一覧表を表紙裏につけ，参照の便に供した．

　本書の内容をより深く理解し，計算能力を身につけるために，本教科書に準じ，執筆者も重なる『理工系の微分積分演習』(学術図書出版社) を手元に置き，自分の手で計算し，問題を解いてみていただきたい．

本書の刊行にあたり，学術図書出版社の発田孝夫氏にはひとかたならぬお世話になった．心から感謝の意を表したい．

2009 年 10 月

著　者

目 次

第1章　微分法　　1
- §1　数列の収束 ……………………………………………… 1
- §2　関数の極限と連続性 …………………………………… 5
- §3　微分法 …………………………………………………… 11
- §4　微分法の応用 …………………………………………… 15
- 　　　章末問題 1 …………………………………………… 21

第2章　積分法　　23
- §1　連続関数の定積分の定義 ……………………………… 23
- §2　定積分と不定積分, 原始関数との関係 ……………… 28
- §3　置換積分と部分積分 …………………………………… 33
- §4　有理関数の積分 ………………………………………… 37
- §5　広義積分 ………………………………………………… 42
- §6　参考事項：連続曲線の長さ …………………………… 47
- §7　微分方程式 ……………………………………………… 50
- 　　　章末問題 2 …………………………………………… 56

第3章　無限級数　　57
- §1　級数の定義 ……………………………………………… 57
- §2　級数の収束の判定 ……………………………………… 62
- §3　べき級数 ………………………………………………… 65
- 　　　章末問題 3 …………………………………………… 72

第4章　多変数関数の微分法　　73
- §1　偏微分 …………………………………………………… 73

まえがき

§2	全微分	78
§3	連鎖定理	82
§4	Taylor の定理	86
§5	極値問題	90
§6	参考	94
	章末問題 4	96

第5章　多変数関数の積分法　97

§1	重積分	97
§2	重積分の計算	101
§3	変数変換	107
§4	広義の重積分	112
§5	重積分の応用	116
	章末問題 5	119

練習問題, 章末問題の解答	120
いろいろな曲線, 曲面	134
索引	142

記号表

N 自然数（正整数）全体の集合 : 1, 2, 3, $\cdots$

Z 整数全体の集合 : 0, ± 1, ± 2, ± 3, $\cdots$

Q 有理数全体の集合 : $\dfrac{m}{n}$, $m, n \in \mathbf{Z}$, $n \neq 0$

R 実数全体の集合

$(a, b) := \{\, x \in \mathbf{R} \,;\, a < x < b \,\}$ 開区間

$[a, b] := \{\, x \in \mathbf{R} \,;\, a \leqq x \leqq b \,\}$ 閉区間

$(a, +\infty) := \{\, x \in \mathbf{R} \,;\, a < x < +\infty \,\}$,

$[a, +\infty) := \{\, x \in \mathbf{R} \,;\, a \leqq x < +\infty \,\}$

$(a, b \in \mathbf{R})$

$[x]$ ガウス (Gauss) 記号 : 実数 x をこえない最大の整数を表す

第1章　微分法

§1　数列の収束

このテキストでは数列 $\{a_n\}$ の収束を次のように定義する.

定義 1.1　　数列 $\{a_n\}$ と $\alpha \in \mathbf{R}$ に対して, $n \in \mathbf{N}$ を限りなく大きくすれば, $|a_n - \alpha|$ が限りなく 0 に近づくとき $\{a_n\}$ は α に**収束する**といい

$$\lim_{n \to +\infty} a_n = \alpha$$

と表す.

数列の極限と四則演算に関して次が成り立つ.

定理 1.2
$\displaystyle\lim_{n \to +\infty} a_n = \alpha, \lim_{n \to +\infty} b_n = \beta$ とする.
(1)　$\displaystyle\lim_{n \to +\infty} (a_n \pm b_n) = \alpha \pm \beta$
(2)　$k \in \mathbf{R}$ に対して $\displaystyle\lim_{n \to +\infty} k a_n = k\alpha$
(3)　$\displaystyle\lim_{n \to +\infty} a_n b_n = \alpha\beta$
(4)　任意の $n \in \mathbf{N}$ に対して $b_n \neq 0$ かつ $\beta \neq 0$ ならば

$$\lim_{n \to +\infty} \frac{a_n}{b_n} = \frac{\alpha}{\beta}$$

(5)　任意の $n \in \mathbf{N}$ に対して $a_n \leqq b_n$ ならば $\alpha \leqq \beta$
(6)　任意の $n \in \mathbf{N}$ に対して $a_n \leqq c_n \leqq b_n$ かつ $\alpha = \beta$ ならば
$\displaystyle\lim_{n \to +\infty} c_n = \alpha$
(7)　$\displaystyle\lim_{n \to +\infty} a_n = \alpha$ ならば $\displaystyle\lim_{n \to +\infty} |a_n| = |\alpha|$

例 1.3 (1) $0 < r < 1$ ならば $\lim_{n \to +\infty} nr^n = 0$ である.

(2) $a > 0$, $a \neq 1$ ならば $\lim_{n \to +\infty} a^{\frac{1}{n}} = 1$ である.

証明 (1) $r = \dfrac{1}{1+h}$ $\left(h = \dfrac{1-r}{r} > 0\right)$ とおく. $n \geqq 2$ のとき, $(1+h)^n$ に 2 項定理を用いて不等式

$$(1+h)^n \geqq 1 + nh + \frac{n(n-1)}{2}h^2$$

を得る. $nr^n = \dfrac{n}{(1+h)^n} \leqq \dfrac{2}{h^2(n-1)} \leqq \dfrac{4}{h^2 n}$ から

$$0 \leqq \lim_{n \to +\infty} nr^n \leqq \frac{4}{h^2} \lim_{n \to +\infty} \frac{1}{n} = 0$$

となり, 結論を得る.

(2) $a > 1$ とする. $a = 1 + k$ $(k = a - 1 > 0)$ だから (1) の証明に用いた不等式に $h = \dfrac{k}{n}$ を代入すると $\left(1 + \dfrac{k}{n}\right)^n = (1+h)^n > 1 + nh = 1 + k = a$ となるから

$$a^{\frac{1}{n}} = (1+k)^{\frac{1}{n}} < 1 + \frac{k}{n} \implies 0 < a^{\frac{1}{n}} - 1 < \frac{k}{n}$$

だから, 定理 1.2 より結論を得る. $0 < a < 1$ の場合は $a = \dfrac{1}{b}$ $(b > 1)$ と表されるから, 定理 1.2 より

$$\lim_{n \to +\infty} a^{\frac{1}{n}} = \lim_{n \to +\infty} \frac{1}{b^{\frac{1}{n}}} = 1$$

を得る. ∎

定義 1.4 数列 $\{a_n\}$ において, ある実数 $K \in \mathbf{R}$ があって, 任意の $n \in \mathbf{N}$ について $a_n \leqq K$ が成り立つとき, $\{a_n\}$ は**上に有界**であるといい, このような K を $\{a_n\}$ の**上界**とよぶ. 同様に, ある実数 $k \in \mathbf{R}$ があって, 任意の $n \in \mathbf{N}$ について $k \leqq a_n$ が成り立つとき, $\{a_n\}$ は**下に有界**であるといい, このような k を $\{a_n\}$ の**下界**とよぶ. $\{a_n\}$ が上にも下にも有界であるとき, $\{a_n\}$ は**有界**であるという.

数列 $\{a_n\}$ が上に有界であるとき, K が $\{a_n\}$ の上界であれば $K < L$ を満たす L もまた $\{a_n\}$ の上界である. 同様に, 数列 $\{a_n\}$ が下に有界であるとき, k が $\{a_n\}$ の下界であれば $l < k$ を満たす l もまた $\{a_n\}$ の下界である.

例 1.5 $a_n = 1 - \dfrac{1}{n}$ で定義される数列は, 任意の $n \in \mathbf{N}$ に対して $a_n < 1$ を満たすから上に有界であり, 1 は $\{a_n\}$ の上界の中で最小の上界である. $b_n = \dfrac{1}{n}$ で定義される数列は, 任意の $n \in \mathbf{N}$ に対して $b_n > 0$ を満たすから下に有界であり, 0 は $\{b_n\}$ の下界の中で最大の下界である.

定義 1.6 (単調増加数列・単調減少数列) 数列 $\{a_n\}$ は $a_1 \leqq a_2 \leqq a_3 \leqq \cdots \leqq a_n \leqq a_{n+1} \leqq \cdots$ を満たすとき**単調増加**であるという. 不等号の向きが逆であれば**単調減少**であるという.

単調増加あるいは単調減少な数列は次の著しい性質をもつ.

定理 1.7

上 (下) に有界な単調増加 (単調減少) 数列は収束する.

例 1.8 例 1.5 の数列 $\left\{1 - \dfrac{1}{n}\right\}$ は単調増加でその最小の上界 1 に収束しているし, 数列 $\left\{\dfrac{1}{n}\right\}$ は単調減少でその最大の下界 0 に収束している.

命題 1.9

$$a_n = \left(1 + \frac{1}{n}\right)^n$$

とおく. 数列 $\{a_n\}$ は収束する.

証明 2 項定理により

$$a_n = \left(1 + \frac{1}{n}\right)^n$$
$$= 1 + n\frac{1}{n} + \frac{n(n-1)}{2!}\left(\frac{1}{n}\right)^2 + \cdots + \frac{n(n-1)\cdots 1}{n!}\left(\frac{1}{n}\right)^n$$
$$= 1 + 1 + \left(1 - \frac{1}{n}\right)\frac{1}{2!} + \cdots + \left(1 - \frac{1}{n}\right)\left(1 - \frac{2}{n}\right)\cdots\left(1 - \frac{n-1}{n}\right)\frac{1}{n!}$$

$$< 1 + 1 + \left(1 - \frac{1}{n+1}\right)\frac{1}{2!} + \cdots$$
$$+ \left(1 - \frac{1}{n+1}\right)\left(1 - \frac{2}{n+1}\right)\cdots\left(1 - \frac{n-1}{n+1}\right)\frac{1}{n!}$$
$$+ \left(1 - \frac{1}{n+1}\right)\left(1 - \frac{2}{n+1}\right)\cdots\left(1 - \frac{n-1}{n+1}\right)\left(1 - \frac{n}{n+1}\right)\frac{1}{(n+1)!}$$
$$= a_{n+1}$$

また, 上の計算式より
$$a_n \leqq 1 + 1 + \frac{1}{2!} + \cdots + \frac{1}{n!} \leqq 1 + 1 + \frac{1}{2} + \cdots + \frac{1}{2^{n-1}} < 3$$
であるから, $\{a_n\}$ は単調増加で上に有界である. 定理 1.7 より $\lim_{n \to +\infty} a_n$ が存在する.

この極限を e と表しネピアの数とよぶ.

定義 1.10　数列 $\{a_n\}$ において, 無限個の自然数からなる部分集合 $\{n_k\}_{k \geqq 1} \subset \mathbf{N}$ ($1 \leqq n_1 < n_2 < \cdots < n_k < \cdots$) に対応する数列 $\{a_{n_k}\} \subset \{a_n\}$ を**部分列**という.

次の定理は重要である.

定理 1.11　(ボルツァーノ-ワイエルシュトラスの定理)
　閉区間 $[a,b]$ に含まれる数列 $\{x_n\}$ は収束する部分列 $\{x_{n_k}\}$ を含む.

例 1.12　$a_n = (-1)^n$ で定義される数列 $\{a_n\}$ は $[-1,1]$ に含まれ, $n_k = 2k-1$, $k = 1, 2, \cdots$ に対応する部分数列 $\{a_{2k-1}\}$ は -1 に収束し, $n_k = 2k$, $k = 1, 2, \cdots$ に対応する部分数列 $\{a_{2k}\}$ は 1 に収束する.

§2 関数の極限と連続性

関数 $f(x)$ は $x = a \in \mathbf{R} \cup \{\pm\infty\}$ の近くで定義されていて, 必ずしも $x = a$ で定義されていないとする.

定義 1.13 ある定数 A が存在して, $x = a$ に収束する任意の数列 $\{x_n\}$ ($x_n \neq a$) に対して, 数列 $\{f(x_n)\}$ が A に収束するとき, $f(x)$ は A に収束するといい

$$\lim_{x \to a} f(x) = A$$

と表す.

定理 1.2 と定義 1.13 を用いると次が成り立つ.

定理 1.14
$\lim_{x \to a} f(x) = A$ かつ $\lim_{x \to a} g(x) = B$ とする.
(1) $\lim_{x \to a} (f(x) \pm g(x)) = A \pm B$
(2) $k \in \mathbf{R}$ に対して $\lim_{x \to a} kf(x) = kA$
(3) $\lim_{x \to a} f(x)g(x) = AB$
(4) $B \neq 0$ ならば
$$\lim_{x \to a} \frac{f(x)}{g(x)} = \frac{A}{B}$$
(5) $x \neq a$ であるとき $f(x) \leqq g(x)$ ならば $A \leqq B$

例 1.15 (1) $\lim_{x \to 0} x \sin \dfrac{1}{x} = 0$ (2) $\lim_{x \to 0} \sin \dfrac{1}{x}$ は存在しない.

証明 (1) 0 に収束する任意の数列 $\{x_n\}$ に対して $\left|\sin \dfrac{1}{x_n}\right| \leqq 1$ より

$$0 \leqq \lim_{n \to +\infty} \left| x_n \sin \frac{1}{x_n} \right| \leqq \lim_{n \to +\infty} |x_n| = 0$$

を得る.

(2) 数列 $\left\{x_n = \dfrac{1}{2n\pi}\right\}$, $\left\{y_n = \dfrac{1}{\frac{\pi}{2}+2n\pi}\right\}$ はいずれも 0 に収束するが

$$\lim_{n\to+\infty} \sin \frac{1}{x_n} = 0 \quad \lim_{n\to+\infty} \sin \frac{1}{y_n} = 1$$

であるから, 定義 1.13 より, 極限は存在しない. ∎

関数 $f(x)$ は点 a と $x=a$ の近くで定義されているとする.

定義 1.16 $x = a \in \mathbf{R}$ に収束する任意の数列 $\{x_n\}$ に対して, 数列 $\{f(x_n)\}$ が $f(a)$ に収束するとき, つまり

$$\lim_{x\to a} f(x) = f(a)$$

が成り立つとき, $f(x)$ は $x = a$ で**連続である**という. また, 区間 $I \subset (-\infty, +\infty)$ で定義された関数 $f(x)$ が, I の任意の点 $x = a \in I$ で連続であるとき, $f(x)$ は**区間 I において連続である**という.

定理 1.14 と定義 1.16 から次の定理が成り立つことがわかる.

定理 1.17

$\lim_{x\to a} f(x) = f(a)$ かつ $\lim_{x\to a} g(x) = g(a)$ とする.
(1) $\lim_{x\to a} (f(x) \pm g(x)) = f(a) \pm g(a)$
(2) $k \in \mathbf{R}$ に対して $\lim_{x\to a} kf(x) = kf(a)$
(3) $\lim_{x\to a} f(x)g(x) = f(a)g(a)$
(4) $g(a) \neq 0$ ならば

$$\lim_{x\to a} \frac{f(x)}{g(x)} = \frac{f(a)}{g(a)}$$

(5) $x \neq a$ であるとき $f(x) \leqq g(x)$ ならば $f(a) \leqq g(a)$

例 1.18 1 次関数 $f(x) = ax + b$ は $(-\infty, +\infty)$ で連続である.

§2 関数の極限と連続性

例 1.19 $(-\infty, +\infty)$ で定義された関数

$$f(x) = \begin{cases} 0 & (x < 0) \\ 1 & (x \geqq 0) \end{cases}$$

は $(-\infty, 0) \cup (0, +\infty)$ で連続であるが, $x = 0$ で連続ではない.

閉区間 $[a, b]$ で連続な関数はいくつかの著しい性質をもつ.

定理 1.20

閉区間 $[a, b]$ で連続な関数 $f(x)$ は有界である.

証明 $f(x)$ が上に有界であることを示す. 任意の $x \in [a, b]$ に対して $f(x) \leqq K$ を満たす $K \in \mathbf{R}$ が存在することを示せばよい. 上に有界でないとして矛盾を導く. もし上に有界でなければ, 任意の $n \in \mathbf{N}$ に対して $f(x_n) > n$ を満たす $x_n \in [a, b]$ が存在する. 定理 1.11(ボルツァーノ-ワイエルシュトラスの定理) から, $\{x_n\}$ の収束する部分列 $\{x_{n_k}\}$ が存在する. $\lim_{k \to +\infty} x_{n_k} = x_0$ とおくと, $f(x)$ の $x = x_0$ における連続性から

$$f(x_0) = \lim_{k \to +\infty} f(x_{n_k}) \geqq \lim_{k \to +\infty} n_k = +\infty$$

となり矛盾を得る. よって $f(x)$ は上に有界である. 同様の議論を $-f(x)$ に適用して, $f(x)$ が下に有界であることが示される. ∎

さらに詳しく, 次の定理が知られている.

定理 1.21

閉区間 $[a, b]$ で連続な関数 $f(x)$ は最大値と最小値をとる.

例 1.22 $f(x) = \dfrac{1}{x}$ は $(0, 1]$ で連続であるが, $\lim_{x \to 0} f(x) = +\infty$ となり上に有界でない.

定理 1.23 (中間値の定理)

$f(x)$ は $[a, b]$ を含む区間で連続であるとする. $f(a) < \gamma < f(b)$ または $f(b) < \gamma < f(a)$ ならば $f(c) = \gamma$ を満たす $c \in (a, b)$ が存在する.

例 1.24　区間 $[-1,1]$ における関数

$$f(x) = \begin{cases} x & (-1 \leqq x \leqq 0) \\ x+1 & (0 < x \leqq 1) \end{cases}$$

は $I = [-1,0) \cup (0,1]$ で連続で $x = 0$ で連続でない．$f(-1) = -1 < f(1) = 2$ だが，$f(x) = \dfrac{1}{2}$ を満たす $x \in I$ は存在しない．

例 1.25　実係数の 3 次方程式 $ax^3 + bx^2 + cx + d = 0$ は少なくとも一つの実数解をもつ．

証明　$a > 0$ としてよい．$x \neq 0$ のとき

$$f(x) = ax^3 \left(1 + \frac{b}{ax} + \frac{c}{ax^2} + \frac{d}{ax^3}\right)$$

である．十分大きい $N \in \mathbf{N}$ をとれば，$|x| \geqq N$ を満たす任意の x に対して

$$0 < 1 + \frac{b}{ax} + \frac{c}{ax^2} + \frac{d}{ax^3} \leqq 2$$

とできるから，$f(N) > 0$，$f(-N) < 0$ を満たす．$f(x)$ は $[-N, N]$ で連続だから中間値の定理より $f(\alpha) = 0$ を満たす $\alpha \in (-N, N)$ が存在する．∎

定義 1.26　区間 $I \subset \mathbf{R}$ で定義された関数 $f(x)$ が任意の異なる 2 点 $x_1 < x_2$ $(x_1, x_2 \in I)$ に対して $f(x_1) \leqq f(x_2)$ （$f(x_1) \geqq f(x_2)$）を満たすとき，I において $f(x)$ は**単調増加**（**単調減少**）であるという．$f(x_1) < f(x_2)$（$f(x_1) > f(x_2)$）を満たすとき，I において $f(x)$ は**狭義単調増加**（**狭義単調減少**）であるという．

定理 1.27

$f(x)$ が閉区間 $[a,b]$ で連続かつ，狭義単調増加（狭義単調減少）ならば，閉区間 $[f(a), f(b)]$（$[f(b), f(a)]$）を定義域とする逆関数 $f^{-1}(y)$ が存在して，$f^{-1}(y)$ はその区間で連続かつ狭義単調増加（狭義単調減少）となる．

指数関数と対数関数

$a > 0$, $a \neq 1$ のとき指数関数 $y = a^x$ $(x \in \mathbf{R})$ は $0 < a < 1$ のとき狭義単調減少，$a > 1$ のとき狭義単調増加な連続関数である．定理 1.27 より $y = a^x$ の連続な逆関数として a を底とする対数関数 $y = \log_a x$ $(x > 0)$ が定義される．とくに $a = e > 1$ のとき $\log_e x = \log x$ と表し，自然対数とよぶ．

命題 1.28

次が成り立つことを示せ．

(1) $\displaystyle\lim_{x \to \pm\infty} \left(1 + \frac{1}{x}\right)^x = e$ (2) $\displaystyle\lim_{h \to 0} \frac{\log(1+h)}{h} = 1$

(3) $\displaystyle\lim_{h \to 0} \frac{e^h - 1}{h} = 1$

証明 (1) $x > 1$ のとき $[x] \leqq x < [x] + 1$ と指数関数の単調増加性より

$$\left(1 + \frac{1}{[x]+1}\right)^{[x]} < \left(1 + \frac{1}{x}\right)^x \leqq \left(1 + \frac{1}{[x]}\right)^{[x]+1}$$

が成り立ち，$n = [x] \in \mathbf{N}$ とおくと，命題 1.9 より

$$\lim_{n \to +\infty} \left(1 + \frac{1}{n+1}\right)^n = \lim_{n \to +\infty} \left(1 + \frac{1}{n}\right)^{n+1} = e$$

となり結論を得る．

(2) $h = \dfrac{1}{x}$ $(x \neq 0)$ とおくと，$x \to \pm\infty$ のとき $h \to 0$ だから，対数関数の連続性より

$$\lim_{h \to 0} \frac{\log(1+h)}{h} = \lim_{x \to \pm\infty} \log\left(1 + \frac{1}{x}\right)^x = \log e = 1$$

を得る．

(3) $k = e^h - 1 > 0$ とおくと，$h \to 0$ のとき $k \to 0$ より

$$\lim_{h \to 0} \frac{e^h - 1}{h} = \lim_{k \to 0} \frac{1}{\frac{\log(1+k)}{k}} = 1$$

を得る． ∎

逆三角関数

$\sin x$ の定義域を $\left[-\dfrac{\pi}{2}, \dfrac{\pi}{2}\right]$ に制限すると連続で狭義単調増加であり，その像は $[-1, 1]$ であるから，逆関数 $\sin^{-1}(x) : [-1, 1] \to \left[-\dfrac{\pi}{2}, \dfrac{\pi}{2}\right]$ が定まる．$\cos x$

と $\tan x$ についても定義域をそれぞれ $[0,\pi]$, $\left(-\frac{\pi}{2}, \frac{\pi}{2}\right)$ に制限すれば狭義単調関数となり，逆関数 $\cos^{-1}(x) : [-1, 1] \to [0, \pi]$, $\tan^{-1}(x) : (-\infty, +\infty) \to \left(-\frac{\pi}{2}, \frac{\pi}{2}\right)$ が定まる．

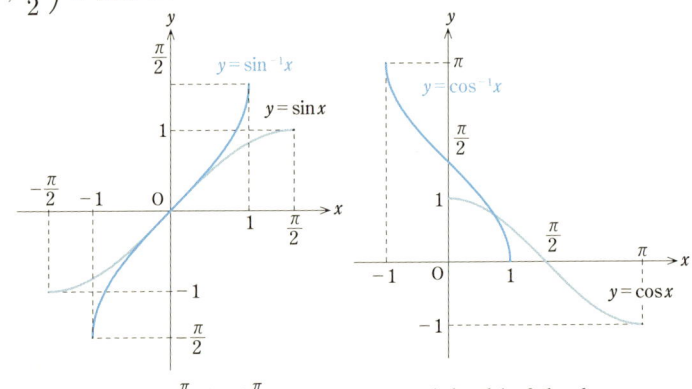

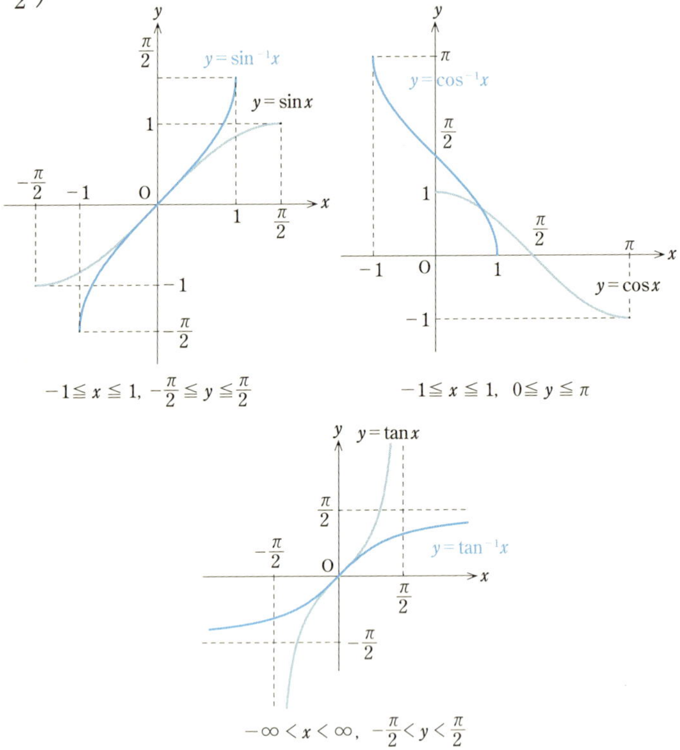

図 1.1

例 1.29 $\sin^{-1} \dfrac{1}{2} = \dfrac{\pi}{6}$.

解 $y = \sin^{-1} \dfrac{1}{2}$ とおくと，$\sin y = \dfrac{1}{2}$ かつ $y \in \left[-\dfrac{\pi}{2}, \dfrac{\pi}{2}\right]$ であるから，$y = \dfrac{\pi}{6}$ である．

練習 1.1 次の極限を求めよ．
(1) $\displaystyle\lim_{x \to 0} \dfrac{x^3 + 2x^2}{3x^4 - 4x^2}$
(2) $\displaystyle\lim_{x \to 0} \dfrac{\sqrt{1 + x + x^2} - 1}{\sqrt{1 + x} - \sqrt{1 - x}}$

練習 1.2 次の値を求めよ．
(1) $\sin^{-1} \dfrac{\sqrt{3}}{2}$
(2) $\cos^{-1} \dfrac{1}{2}$
(3) $\tan^{-1} \dfrac{1}{\sqrt{3}}$

§3 微分法

定義 1.30 区間 I で定義された関数 $f(x)$ と $x=a\in I$ に対して

$$\lim_{x\to a}\frac{f(x)-f(a)}{x-a}=A \iff \lim_{h\to 0}\frac{f(a+h)-f(a)}{h}=A \quad (h=x-a)$$

を満たす $A\in\mathbf{R}$ が存在するとき, $f(x)$ は $x=a$ で**微分可能**であるという. これは

$$\varepsilon(h)=\frac{f(a+h)-f(a)}{h}-A$$

とおくとき, $\lim_{h\to 0}\varepsilon(h)=0$ が成り立つことと同値である. この A を $x=a$ における $f(x)$ の**微分係数**とよび, $f'(a)$ と表す. さらに, $f(x)$ の $x=a$ における**左微分係数** $f'_{-}(a)$ および**右微分係数** $f'_{+}(a)$ を

$$f'_{-}(a)=\lim_{x\to a-0}\frac{f(x)-f(a)}{x-a}, \quad f'_{+}(a)=\lim_{x\to a+0}\frac{f(x)-f(a)}{x-a}$$

で定義する. なお $x\to a-0$ は $x<a$ を満たす x について a に近づけること, $x\to a+0$ は $x>a$ を満たす x について a に近づけることと約束する. $f(x)$ が $x=a$ において微分可能であることと, $f(x)$ が $x=a$ において左微分係数 $f'_{-}(a)$ および右微分係数 $f'_{+}(a)$ をもち, 両者が一致することは同値である.

定理 1.31
$f(x)$ が $x=a$ で微分可能であれば, $x=a$ で連続である.

証明 定義より $h\to 0$ のとき
$$f(a+h)-f(a)=h\{A+\varepsilon(h)\}\to 0$$
であることから, $f(x)$ が $x=a$ で連続であることがわかる.

定義 1.32 $y=f(x)$ が区間 I の任意の点で微分可能であるとき, $f(x)$ は**区間 I 上で微分可能**という. このとき, 各点 $x\in I$ に微係数を対応させる新しい関数 $f'(x):I\to\mathbf{R}$ が定義される. これを $f(x)$ の**導関数**といい $\dfrac{df}{dx}$ あるいは $\dfrac{dy}{dx}$ などとも表す. 区間 I が端点を含む場合は, その端点における左微分係数あるいは右微分係数が存在するとき, その区間での微分可能性を定義する.

例 1.33 定理 1.31 の逆は必ずしも成り立たない．実際，関数 $f(x) = |x|$ は $(-\infty, 0) \cup (0, +\infty)$ で微分可能であるが，$f'_-(0) = -1 \neq 1 = f'_+(0)$ となり $x = 0$ で微分可能でない．

定理 1.34

$f(x), g(x)$ が区間 I で微分可能のとき次が成り立つ．
(1) $(\alpha f(x) + \beta g(x))' = \alpha f'(x) + \beta g'(x) \quad (\alpha, \beta \in \mathbf{R})$
(2) $(f(x)g(x))' = f'(x)g(x) + f(x)g'(x)$
(3) $g(x) \neq 0 \implies \left(\dfrac{f(x)}{g(x)}\right)' = \dfrac{f'(x)g(x) - f(x)g'(x)}{g(x)^2}$

定理 1.35 （合成関数の微分）

$y = f(x)$ は (a, b) で微分可能で，$z = g(y)$ は f の値域を含む区間 (α, β) で微分可能ならば，合成関数 $z = g(f(x))$ は (a, b) で微分可能で

$$(g(f(x)))' = g'(f(x))f'(x) \quad \left(\frac{dz}{dx} = \frac{dz}{dy}\frac{dy}{dx}\right)$$

が成り立つ．

証明 $y = f(x), y + k = f(x+h)$ とおくと，定理 1.31 より，$h \to 0$ のとき $k \to 0$ が成り立つ．$f(x), g(y)$ はそれぞれ微分可能だから

$$f(x+h) - f(x) = h\left(f'(x) + \varepsilon_1(h)\right), \quad g(y+k) - g(y) = k\left(g'(y) + \varepsilon_2(k)\right)$$

かつ $\lim_{h \to 0} \varepsilon_1(h) = 0$, $\lim_{k \to 0} \varepsilon_2(k) = 0$ が成り立つ．これから

$$g(f(x+h)) - g(f(x)) = k\left(g'(f(x)) + \varepsilon_2(k)\right) = h\left(f'(x) + \varepsilon_1(h)\right)\left(g'(f(x)) + \varepsilon_2(k)\right)$$

であり，したがって

$$\lim_{h \to 0} \frac{g(f(x+h)) - g(f(x))}{h} = \lim_{h \to 0} \left(f'(x) + \varepsilon_1(h)\right)\left(g'(f(x)) + \varepsilon_2(k)\right)$$
$$= g'(f(x))f'(x)$$

を得る．

例 **1.36** $\dfrac{d}{dx}\log|f(x)| = \dfrac{f'(x)}{f(x)}$

証明 $z = \log|y|$, $y = f(x)$ とおけば,
$$\frac{d}{dx}\log|f(x)| = \frac{dz}{dy} \cdot \frac{dy}{dx} = \frac{1}{f(x)} \cdot f'(x)$$
を得る. ∎

例 **1.37** 次式を示せ.
(1) $(x^a)' = ax^{a-1}$ $(x > 0,\ a \in \mathbf{R})$ (2) $(a^x)' = a^x \log a$ $(a > 0)$
(3) $(x^x)' = (\log x + 1)x^x$ $(x > 0)$

証明 (1) $y = x^a > 0$ とし $\log y = a\log x$ の両辺を x について微分して $\dfrac{y'}{y} = \dfrac{a}{x}$ より, $y' = ax^{a-1}$ を得る.

(2) $y = a^x > 0$ とし $\log y = x\log a$ の両辺を x について微分して $\dfrac{y'}{y} = \log a$ より, $y' = a^x \log a$ を得る.

(3) $y = x^x > 0$ とし $\log y = x\log x$ の両辺を x について微分して $\dfrac{y'}{y} = \log x + 1$ より, $y' = (\log x + 1)x^x$ を得る. ∎

定理 **1.38** (逆関数の微分公式)

$f(x)$ の逆関数 $y = f^{-1}(x)$ が存在して, $f'(y) \neq 0$ ならば $f^{-1}(x)$ も微分可能で
$$\{f^{-1}(x)\}' = \frac{1}{f'(y)}$$
が成り立つ. これは
$$\frac{dy}{dx} = \frac{1}{\frac{dx}{dy}}$$
とも表される.

証明 $f'(y) \neq 0$ より $f(y)$ は狭義単調増加か狭義単調減少であるから, $f^{-1}(x)$ も狭義単調であり, かつ連続である. $h \neq 0$ に対して, $k = f^{-1}(x+h) - f^{-1}(x)$ とおくと, $k \neq 0$ であり, $h \to 0$ のとき $k \to 0$ であるから

$$\lim_{h \to 0} \frac{f^{-1}(x+h) - f^{-1}(x)}{h} = \lim_{k \to 0} \frac{1}{\frac{f(y+k) - f(y)}{k}} = \frac{1}{f'(y)}$$

を得る. ∎

例 1.39 次式を示せ.
(1) $\left(\sin^{-1} x\right)' = \dfrac{1}{\sqrt{1-x^2}}$ (2) $\left(\cos^{-1} x\right)' = -\dfrac{1}{\sqrt{1-x^2}}$
(3) $\left(\tan^{-1} x\right)' = \dfrac{1}{1+x^2}$

解 (1) $y = \sin^{-1} x$ とおくと, $x = \sin y$ だから

$$\frac{dy}{dx} = \frac{1}{\frac{dx}{dy}} = \frac{1}{\cos y} = \frac{1}{\sqrt{1-\sin^2 y}} = \frac{1}{\sqrt{1-x^2}}$$

(2) (1) と同様に計算できる.
(3) $y = \tan^{-1} x$ とおくと, $x = \tan y$ だから

$$\frac{dy}{dx} = \frac{1}{\frac{dx}{dy}} = \cos^2 y = \frac{1}{1+\tan^2 y} = \frac{1}{1+x^2}$$

練習 1.3 定義にしたがって次式を確かめよ.
(1) $(x^n)' = nx^{n-1}$ $(n \in \mathbf{N})$ (2) $(\sin x)' = \cos x$
(3) $(e^x)' = e^x$ (4) $(\log x)' = \dfrac{1}{x}$
((2) の証明には章末問題 6 を用いよ.)

練習 1.4 次の関数を微分せよ.
(1) $e^{\frac{1}{x}}$ (2) $\sqrt{x^2 - x + 1}$ (3) $\sin^{-1} \dfrac{3x-2}{2}$

§4 微分法の応用

この節では Taylor (テイラー) の定理とその応用を学習する．

定理 1.40 (Rolle (ロル) の定理)

$f(x)$ は $[a,b]$ で連続で (a,b) で微分可能とする．$f(a) = f(b)$ ならば $f'(c) = 0$ を満たす $c \in (a,b)$ が存在する．

証明 $f(x)$ が定数であれば，$f'(x) \equiv 0$ だから成り立つ．$f(x)$ が定数でなければ，$f(\xi) > f(a)$ あるいは $f(\xi) < f(a)$ を満たす $\xi \in (a,b)$ が存在する．$f(\xi) > f(a)$ とすれば，$f(x)$ はある点 $c \in (a,b)$ で最大値をとる．このとき，十分小さい $h > 0$ に対して

$$\frac{f(c+h) - f(c)}{h} \leqq 0 \implies f'(c) = \lim_{h \to 0} \frac{f(c+h) - f(c)}{h} \leqq 0$$

かつ

$$\frac{f(c-h) - f(c)}{-h} \geqq 0 \implies f'(c) = \lim_{h \to 0} \frac{f(c-h) - f(c)}{-h} \geqq 0$$

より，$f'(c) = 0$ を得る．$f(\xi) < f(a)$ の場合も $-f(x)$ に同様の議論をして結論を得る．∎

定理 1.41 (Cauchy (コーシー) の平均値の定理)

$f(x), g(x)$ は区間 $[a,b]$ で連続で，(a,b) で微分可能で (a,b) において $g'(x) \neq 0$ とする．このとき

$$\frac{f(b) - f(a)}{g(b) - g(a)} = \frac{f'(c)}{g'(c)}$$

を満たす $c \in (a,b)$ が存在する．c は $\theta = \dfrac{c-a}{b-a}$, $0 < \theta < 1$, とおいて $c = a + \theta(b-a)$ とも表せる．

証明 $g(a) = g(b)$ とすれば，Rolle の定理より $g'(c) = 0$ を満たす $c \in (a,b)$ が存在するから，$g'(x) \neq 0$ に矛盾する．したがって $g(a) \neq g(b)$ である．$k = \dfrac{f(b) - f(a)}{g(b) - g(a)}$ とおき

$$F(x) = f(b) - f(x) - k\{g(b) - g(x)\}$$

とおくと，$F(a) = F(b) = 0$ であり，Rolle の定理から $F'(c) = 0$ を満たす $c \in (a,b)$ が存在する．$F'(c) = -f'(c) + kg'(c) = 0$ であるから結論を得る．∎

定理 1.42 (Lagrange (ラグランジュ) の平均値の定理)

$f(x)$ は区間 $[a,b]$ で連続で, (a,b) で微分可能とする. このとき
$$\frac{f(b)-f(a)}{b-a} = f'(c)$$
を満たす $c \in (a,b)$ が存在する. c は $\theta = \dfrac{c-a}{b-a}$, $0 < \theta < 1$, とおいて $c = a + \theta(b-a)$ とも表せる.

証明 定理 1.41 で $g(x) = x$ とおけばよい.

定理 1.42 より次の系が成り立つ.

系 1.43

$f(x)$ は区間 $[a,b]$ で連続で, (a,b) で微分可能とする. このとき
(1) $f(x)$ が定数関数であるための必要十分条件は $f'(x) \equiv 0$ である.
(2) $f'(x) > 0$ ならば $f(x)$ は $[a,b]$ で狭義単調増加である.
(3) $f'(x) < 0$ ならば $f(x)$ は $[a,b]$ で狭義単調減少である.

高階導関数

区間 I で定義された関数 $f(x)$ の導関数 $f'(x)$ がさらに微分可能であるとき, $f(x)$ は 2 回微分可能であるといい, その導関数 $(f'(x))'$ を $f''(x)$ あるいは $f^{(2)}(x)$ とかいて $f(x)$ の **2 階導関数**という. $f(x)$ が n 回微分可能であるとは, $n-1$ 階導関数 $f^{(n-1)}(x)$ が存在して微分可能であることをいう. このとき導関数 $f^{(n-1)}{}'(x)$ を $f^{(n)}(x)$, $\dfrac{d^n f}{dx^n}$ などとかいて $f(x)$ の n 階導関数とよぶ. $f(x)$ が n 回微分可能であって, n 階導関数 $f^{(n)}(x)$ が連続であるとき, C^n 級であるという. 任意の n に対して C^n 級ならば, C^∞ 級であるという.

練習 1.5 自然数 n に対して次が成り立つことを示せ.
(1) $(e^x)^{(n)} = e^x$, (2) $(\log(1+x))^{(n)} = \dfrac{(-1)^{n-1}(n-1)!}{(1+x)^n}$,
(3) $(\sin x)^{(n)} = \sin\left(x + \dfrac{n}{2}\pi\right)$, (4) $(\cos x)^{(n)} = \cos\left(x + \dfrac{n}{2}\pi\right)$

定理 1.44 （Leibniz（ライプニッツ）の定理）

$f(x), g(x)$ ともに n 回微分可能ならば積 $f(x)g(x)$ も n 回微分可能で，次式が成り立つ．

$$(f(x)g(x))^{(n)} = \sum_{k=0}^{n} {}_nC_k \, f^{(n-k)}(x) g^{(k)}(x)$$
$$= {}_nC_0 f^{(n)}(x) g^{(0)}(x) + {}_nC_1 f^{(n-1)}(x) g^{(1)}(x) + \cdots$$
$$+ {}_nC_n f^{(0)}(x) g^{(n)}(x)$$

ただし，$f^{(0)}(x) = f(x), \, g^{(0)}(x) = g(x)$ である．

証明は ${}_{n-1}C_{k-1} + {}_{n-1}C_k = {}_nC_k$ $\left({}_nC_k = \dfrac{n!}{k!(n-k)!} \right)$ を用いて数学的帰納法により導かれる．

定理 1.45 （Taylor（テイラー）の定理）

$f(x)$ が $[a, b]$ で n 回微分可能 $(n \in \mathbf{N})$ であるとき

$$f(b) = \sum_{k=0}^{n-1} \frac{f^{(k)}(a)}{k!} (b-a)^k + \frac{f^{(n)}(c)}{n!} (b-a)^n$$

を満たす $c \in (a, b)$ が存在する．c は $\theta = \dfrac{c-a}{b-a}, \, 0 < \theta < 1$，とおいて $c = a + \theta(b-a)$ とも表せる．

$$R_n = \frac{f^{(n)}(c)}{n!} (b-a)^n$$

とおいて，R_n を Lagrange の剰余項とよぶ．

証明

$$F(x) = f(b) - \sum_{k=0}^{n-1} \frac{f^{(k)}(x)}{k!} (b-x)^k, \quad G(x) = (b-x)^n$$

とおくと

$$F(b) = 0, \quad F(a) = f(b) - \sum_{k=0}^{n-1} \frac{f^{(k)}(a)}{k!} (b-a)^k,$$
$$G(b) = 0, \quad G(a) = (b-a)^n$$

である. $F(x)$, $G(x)$ に対する Cauchy の平均値定理より

$$\frac{F(b)-F(a)}{G(b)-G(a)} = \frac{F'(c)}{G'(c)}$$

を満たす $c \in (a,b)$ が存在する.

$$F'(c) = -\sum_{k=0}^{n-1}\left\{\frac{f^{(k+1)}(c)}{k!}(b-c)^k - \frac{f^{(k)}(c)}{k!}k(b-c)^{k-1}\right\} = -\frac{f^{(n)}(c)}{(n-1)!}(b-c)^{n-1}$$

$$G'(c) = -n(b-c)^{n-1}$$

だから, これら2式を上式に代入して, 結論を得る. ∎

定理 1.46 (Maclaurin (マックローリン) の定理)

$f(x)$ は区間 I で n 回微分可能で, $x=0$ を含む開区間 $(a,b) \subset I$ において, $x \in (a,b)$ に対して

$$f(x) = f(0) + f^{(1)}(0)x + \frac{f^{(2)}(0)}{2!}x^2 + \cdots + \frac{f^{(n-1)}(0)}{(n-1)!}x^{n-1} + R_n(x),$$

$$R_n(x) = \frac{f^{(n)}(\theta x)}{n!}x^n$$

を満たす θ $(0 < \theta < 1)$ が存在する.

証明 Taylor の定理を $[0,x]$ あるいは $[x,0]$ に適用すればよい. ∎

例 1.47 練習 1.5 と Maclaurin の定理から次の式を得る $(0 < \theta < 1)$.

$$e^x = 1 + x + \frac{x^2}{2!} + \frac{x^3}{3!} + \cdots + \frac{x^{n-1}}{(n-1)!} + \frac{e^{\theta x}}{n!}x^n$$

$$\sin x = x - \frac{x^3}{3!} + \frac{x^5}{5!} - \cdots + (-1)^{n-1}\frac{x^{2n-1}}{(2n-1)!} + (-1)^n\frac{\cos\theta x}{(2n+1)!}x^{2n+1}$$

$$\cos x = 1 - \frac{x^2}{2!} + \frac{x^4}{4!} - \cdots + (-1)^{n-1}\frac{x^{2n-2}}{(2n-2)!} + (-1)^n\frac{\cos\theta x}{(2n)!}x^{2n}$$

$$\log(1+x) = x - \frac{x^2}{2} + \frac{x^3}{3} - \cdots + (-1)^{n-2}\frac{x^{n-1}}{n-1}$$
$$+ (-1)^{n-1}\left(\frac{1}{1+\theta x}\right)^n \frac{x^n}{n} \quad (x > -1)$$

例 1.48 ネピアの数 e は $2 < e < 2.8$ を満たす.

解 例 1.47 の e^x の展開において, $x = 1$ に対して $n = 4$ とすれば

$$e = 1 + 1 + \frac{1}{2!} + \frac{1}{3!} + \frac{e^\theta}{4!}$$

を満たす $0 < \theta < 1$ が存在する. 命題 1.9 より $2 < e \leqq 3$ であるから

$$2 < e \leqq 2 + 0.5 + 0.17 + 0.125 = 2.795 < 2.8$$

を得る. e は無理数であることが知られている.

Cauchy の平均値の定理の応用として, ロピタルの定理を示す.

定理 1.49 (de l'Hospital (ロピタル) の定理, I)
$f(x), g(x)$ は $x = a$ の近くで連続かつ $x \neq a$ で $g'(x) \neq 0$ とする. $f(a) = g(a) = 0$ のとき $\lim_{x \to a} \dfrac{f'(x)}{g'(x)}$ が存在すれば, $\lim_{x \to a} \dfrac{f(x)}{g(x)}$ も存在して, 両者の値は等しい.

証明 Cauchy の平均値の定理より, $h \neq 0$ に対して

$$\frac{f(a+h)}{g(a+h)} = \frac{f(a+h) - f(a)}{g(a+h) - g(a)} = \frac{f'(a+\theta h)}{g'(a+\theta h)}$$

を満たす $0 < \theta < 1$ が存在する. 上式より, $h \to 0$ のとき右辺の極限値が存在するなら, 左辺の極限値も存在して値は一致する.

証明は省略するが, 次が成り立つ.

定理 1.50 (de l'Hospital (ロピタル) の定理, II)
$f(x), g(x)$ は $x = a$ の近くで連続かつ $x \neq a$ で $g'(x) \neq 0$ とする. $\lim_{x \to a} f(x) = \lim_{x \to a} g(x) = \pm\infty$ のとき $\lim_{x \to a} \dfrac{f'(x)}{g'(x)}$ が存在すれば, $\lim_{x \to a} \dfrac{f(x)}{g(x)}$ も存在して, 両者の値は等しい.

注意 定理 1.49, 1.50 は $a = \pm\infty$ の場合でも成り立つ.

例題 1.1 次の極限を求めよ．

(1) $\lim_{x \to 0} x \log x$ 　　(2) $\lim_{x \to +\infty} \dfrac{\log x}{x}$

(3) $\lim_{x \to 0} \dfrac{\tan x - x}{x^3}$

解 (1) $x \log x = \dfrac{\log x}{\frac{1}{x}}$ より

$$\lim_{x \to 0} \dfrac{(\log x)'}{\left(\frac{1}{x}\right)'} = \lim_{x \to 0} (-x) = 0$$

したがって，$\lim_{x \to 0} x \log x = 0$ である．

(2) $\quad \lim_{x \to +\infty} \dfrac{(\log x)'}{x'} = \lim_{x \to +\infty} \dfrac{\frac{1}{x}}{1} = \lim_{x \to +\infty} \dfrac{1}{x} = 0$

したがって，$\lim_{x \to +\infty} \dfrac{\log x}{x} = 0$ である．

(3) $\lim_{x \to 0} \dfrac{(\tan x - x)'}{(x^3)'} = \lim_{x \to 0} \dfrac{1}{3} \left(\dfrac{\tan x}{x} \right)^2 = \dfrac{1}{3} \left((\tan x)'|_{x=0} \right)^2 = \dfrac{1}{3}$

したがって，$\lim_{x \to 0} \dfrac{\tan x - x}{x^3} = \dfrac{1}{3}$ である．

章末問題 1

1. $a, b \in \mathbf{R}$ のとき,次の不等式 (三角不等式) を示せ.
$$||a| - |b|| \leqq |a + b| \leqq |a| + |b|$$

2. $a, b \in \mathbf{R}$ かつ $n \in \mathbf{N}$ とする.
   (1) 次式を示せ.
   $$a^n - b^n = (a - b)\left(a^{n-1} + a^{n-2}b + \cdots + ab^{n-2} + b^{n-1}\right)$$
   (2) $a > b > 0$ ならば $a^{\frac{1}{n}} > b^{\frac{1}{n}}$ を示せ.

3. 次の数列の極限を求めよ.
   (1) $\displaystyle\lim_{n \to +\infty} \left(1 - \frac{(-1)^n}{n}\right)$
   (2) $\displaystyle\lim_{n \to +\infty} \left(\sqrt{n+1} - \sqrt{n}\right)$
   (3) $\displaystyle\lim_{n \to +\infty} \left(1 - \frac{1}{n^2}\right)^n$

4. $n \in \mathbf{N}$ のとき $\displaystyle\lim_{n \to +\infty} \sqrt[n]{n} = 1$ を示せ.

5. $0 < |x| < \dfrac{\pi}{2}$ のとき,次の不等式を示せ
$$\cos x < \frac{\sin x}{x} < 1$$

6. $\displaystyle\lim_{x \to 0} \frac{\sin x}{x} = 1$ を問題 5 を用いて示せ.

7. $a > 0, b > 0$ のとき,次の極限を求めよ.
$$\lim_{x \to +\infty} \frac{a}{x}\left[\frac{x}{b}\right]$$
ただし,[ ] はガウス記号である.

8. $f(x) = x^2$ は任意の点 $x = a \in \mathbf{R}$ で連続であることを示せ.

9. 関数 $f(x) = x^{\frac{2}{3}}$ の $x = 0$ での微分可能性を調べよ.

10. $p > 0$ のとき,次の極限を求めよ.
$$\lim_{n \to +\infty} n\left\{\left(\frac{n+1}{n}\right)^p - 1\right\}$$

11. (1) 自然数 k に対して, 次の不等式を示せ.
$$\log(k+1) - \log k < \frac{1}{k}$$

(2) 自然数 n に対して, $a_n = \sum_{k=1}^{n} \frac{1}{k} - \log n$ とおくとき, 次の不等式を示せ.
$$a_n > a_{n+1} > 0$$

注意 (2) より数列 $\{a_n\}$ は下に有界な単調減少列となり, 定理 1.7 より極限 $\gamma := \lim_{n \to +\infty} a_n > 0$ が存在する. γ は Euler (オイラー) 数とよばれ, 有理数であるか, 無理数であるかいまなおわかっていない.

12. 関数 $f(x) = x^2 \cos x$ の 3 階導関数を求めよ.

13. $x = 1$ の近くで $n = 3$ とし, $\sqrt{x}$ に Taylor の定理を適用せよ.

14. $n = 5$ とし, $(1+x)\log(1+x)$ に Maclaurin の定理を適用せよ.

第2章　積分法

§1　連続関数の定積分の定義

はじめに, 連続関数 $f(x)$ の区間 $[a,b]$ での定積分を近似する有限和を与えよう. 閉区間 $[a,b]$ に対し, 一つの分割 Δ を次のように定める.

$$\Delta \equiv \{x_k\} : a = x_0 < x_1 < x_2 < \cdots < x_k < \cdots < x_n = b$$

分割 Δ の細かさは分点 $\{x_k\}$ の個数と各点の位置により様々に定めることができる. 一つの分割 Δ に対し $\Delta x_k \equiv x_k - x_{k-1}$ と表し, 各分割区間 $[x_{k-1}, x_k]$ から任意に 1 点 ξ_k を選び, 積分を近似する有限和を

$$\sum_{k=1}^{n} f(\xi_k) \Delta x_k$$

で与える. これを, リーマン (**Riemann**) 和という. 各分割 Δ に対し, $|\Delta| = \max \Delta x_k$ とおく, すなわち, 分割区間の幅の最大値を $|\Delta|$ と表す. 次の定理により積分の存在が保証される.

定理 2.1

$f(x)$ を, 有界閉区間 $[a,b]$ で定義された連続関数とする. 区間 $[a,b]$ の分割 $\Delta \equiv \{x_k\}$ に対し, **Riemann** 和

$$\sum_{k=1}^{n} f(\xi_k) \Delta x_k \tag{2.1}$$

を上で述べたように定める. 分割 Δ を $|\Delta| \to 0$ となるように順次選んでいくと, その選び方と分割区間内の点 $\{\xi_k\}$ の選び方に無関係に Riemann 和 (2.1) はある一定の値 I に収束する.

定理 2.1 で存在の保証された値 I を連続関数 $f(x)$ の区間 $[a,b]$ での**定積分**と定め, 次のようにかき表す.
$$\int_a^b f(x)\,dx$$
ここでは, 定理 2.1 の証明そのものは与えず, それに代え, 例を通して証明がいかに行われるかをみてみよう. この例を注意深く理解し論理の進め方を一般化すれば容易に本来の証明を得ることができる.

特別な例として, $f(x) = x^2$, $[a,b] = [0,1]$ とする. まず最初の分割 Δ_1 を $x_0 = 0$, $x_1 = \dfrac{1}{2}$, $x_2 = 1$ と定め, この分割において有限和 (2.1) を最小にする $\{\xi_k\}$ の選び方と, 最大にする $\{\xi_k\}$ の選び方の 2 通りを考えてみる.

$$s_{\Delta_1} \equiv f(0) \times \left(\frac{1}{2} - 0\right) + f\left(\frac{1}{2}\right) \times \left(1 - \frac{1}{2}\right)$$
$$S_{\Delta_1} \equiv f\left(\frac{1}{2}\right) \times \left(\frac{1}{2} - 0\right) + f(1) \times \left(1 - \frac{1}{2}\right)$$

分割 Δ_1 に対する (2.1) の最小値は $s_{\Delta_1} = \dfrac{1}{4} \times \dfrac{1}{2} = \dfrac{1}{8}$ であり, 最大値は $S_{\Delta_1} = \dfrac{1}{4} \times \dfrac{1}{2} + 1 \times \dfrac{1}{2} = \dfrac{5}{8}$ である. 次に, 分割 Δ_1 の各区間を半分に分割し, より細かい分割 Δ_2 を $x_0' = 0$, $x_1' = \dfrac{1}{4}$, $x_2' = \dfrac{2}{4}$, $x_3' = \dfrac{3}{4}$, $x_4' = 1$ と定めよう. 上と同じように, この分割において (2.1) を最小にする $\{\xi_k\}$ の選び方と, 最大にする $\{\xi_k\}$ の選び方の 2 通りを考えよう.

$$s_{\Delta_2} \equiv f(0) \times \left(\frac{1}{4} - 0\right) + f\left(\frac{1}{4}\right) \times \left(\frac{2}{4} - \frac{1}{4}\right) + f\left(\frac{2}{4}\right) \times \left(\frac{3}{4} - \frac{2}{4}\right)$$
$$+ f\left(\frac{3}{4}\right) \times \left(1 - \frac{3}{4}\right) = \frac{7}{32}$$
$$S_{\Delta_2} \equiv f\left(\frac{1}{4}\right) \times \left(\frac{1}{4} - 0\right) + f\left(\frac{2}{4}\right) \times \left(\frac{2}{4} - \frac{1}{4}\right) + f\left(\frac{3}{4}\right) \times \left(\frac{3}{4} - \frac{2}{4}\right)$$
$$+ f(1) \times \left(1 - \frac{3}{4}\right) = \frac{15}{32}$$

上の計算から $s_{\Delta_1} < s_{\Delta_2} < S_{\Delta_2} < S_{\Delta_1}$ となっていることが確かめられた. このようにして一つ手前の分割をさらに 2 分割する操作を繰り返すと N 回目

の操作で分割 $\Delta_N = \{x_k{}^N\}$ を得る.
$$x_k{}^N = \frac{k}{2^N}, \qquad k = 0, 1, \cdots, 2^N$$

Δ_N に対する分割区間の幅は $|\Delta_N| = \dfrac{1}{2^N}$ であるから, 定理の条件 $|\Delta| \to 0$ はこの分割の列の選び方により満たされていることに注意しよう. Δ_N に対応する (2.1) の最小値と最大値はそれぞれ

$$s_{\Delta_N} = \sum_{k=0}^{2^N-1} \left(\frac{k}{2^N}\right)^2 \times \frac{1}{2^N} = \frac{1}{6 \cdot 8^N}(2 \cdot 8^N - 3 \cdot 4^N + 2^N)$$
$$= \frac{1}{3} - \frac{1}{2 \cdot 2^N} + \frac{1}{6 \cdot 4^N}$$
$$S_{\Delta_N} = \sum_{k=0}^{2^N-1} \left(\frac{k+1}{2^N}\right)^2 \times \frac{1}{2^N} = \frac{1}{6 \cdot 8^N}(2 \cdot 8^N + 3 \cdot 4^N + 2^N)$$
$$= \frac{1}{3} + \frac{1}{2 \cdot 2^N} + \frac{1}{6 \cdot 4^N}$$

したがって

$$s_{\Delta_1} < s_{\Delta_2} < \cdots < s_{\Delta_N} < s_{\Delta_{N+1}} < \cdots < S_{\Delta_{N+1}} < S_{\Delta_N} < \cdots < S_{\Delta_2} < S_{\Delta_1}$$

となっており, このことから直接に

$$\int_0^1 x^2\, dx = \lim_{N\to\infty} s_{\Delta_N} = \lim_{N\to\infty} S_{\Delta_N} = \frac{1}{3}$$

が確認できる.

　一般の連続関数 $f(x)$ の積分の存在の証明も同様に行うことができる. すなわち, まず分割に分点を追加することにより各分割における (2.1) の最小値の列 $\{s_{\Delta_N}\}$ が単調増加列となることと, 最大値の列 $\{S_{\Delta_N}\}$ が単調減少列となることを確認し, $f(x)$ が有界閉区間で連続であることからこれらの列も有界であることに注意する. これに, 第 1 章の定理 1.7 を用いれば, 二つの有界な単調列 $\{s_{\Delta_N}\}$ と $\{S_{\Delta_N}\}$ がどちらも極限をもつことがわかる.

$$\lim_{N\to\infty} s_{\Delta_N} = \underline{s} \leqq \overline{S} = \lim_{N\to\infty} S_{\Delta_N}.$$

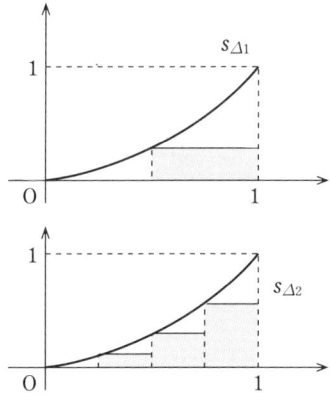
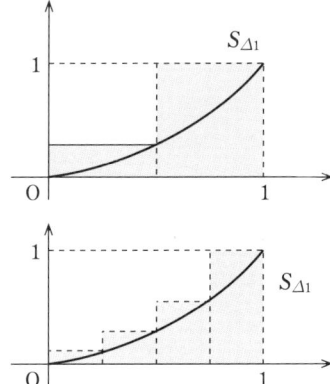

図 2.1

残るところは, $\underline{s} = \overline{S}$ を示すことであるが, これは, 有界閉区間で連続な関数がこの区間で一様連続であるという性質を用いて示す (少し一般には d 次元ユークリッド空間 $\mathbf{R}^d$ の中の有界閉集合 D 上で連続な関数は一様連続である. この性質は第 4 章で重積分の存在の証明に用いる). 関数 $f(x)$ が領域 D で**一様連続**となることの定義を述べておく. 点 $x \in D$ と点 $y \in D$ における関数の値 $f(x)$ と $f(y)$ の差 $|f(x) - f(y)|$ を任意に指定された値 $\dfrac{1}{n}$ よりも小さくするためには, ある $g(n)$ を選んで $|x - y| < g(n)$ となるように x, y をとりさえすればよいとき, 関数 $f(x)$ は領域 D で**一様連続**といわれる.

このような $g(n)$ が D に含まれる x の位置に無関係 (一様) に選べるというのが, 一様連続のポイントである. 第 1 章の関数の連続についての定義 1.16 の表現にあわせてさらに補足すると, $f(x)$ が D で一様連続であれば D 上に任意に 2 点 a, b を選んでそれぞれに収束する数列 $\{a_k\}, \{b_k\}$ をとってきたとき, $|a - a_k| < g(n), |b - b_{k'}| < g(n)$ を満たすような k, k' に対して $|f(a) - f(a_k)| < \dfrac{1}{n}, |f(b) - f(b_{k'})| < \dfrac{1}{n}$ となっているわけである. 一般には異なる 2 点 a, b での, 関数列 $\{f(a_k)\}$ と $\{f(b_k)\}$ がそれぞれ $f(a), f(b)$ に収束する速さ (オーダー) は異なっているが, 一様連続の場合, その速さが D のどの点においてもおおよそ同じであるといっているのである. もちろん, 上の例

$f(x) = x^2$, $x \in [0,1]$ においてこれは成り立っていて, $|x-y| < \dfrac{1}{2n}$ でありさえすれば $|f(x) - f(y)| < \dfrac{1}{n}$ である, すなわち $f(x) = x^2$ では $g(n) = \dfrac{1}{2n}$ と, 選ぶことができる.

§2 定積分と不定積分, 原始関数との関係

定積分 (Riemann (リーマン) 積分) の定義は前節の (2.1) 式で与えられた Riemann 和の極限として与えられているが, この値を求めるために, 多くの場合には, 原始関数を利用する. 考え方を大まかに述べると次の通りである. 被積分関数 $f(x)$ に対し, まず積分区間の上端に変数をおいた不定積分 $\int_c^x f(t)\,dt$ を定義し, これを上端の変数 x で微分すると, 被積分関数 $f(x)$ が得られること, すなわち, 不定積分が $f(x)$ の原始関数 $F(x)$ となっていることを示す. この性質は, **積分の平均値の定理** (定理 2.3) を用いて示される. つづいて本来の不定積分の定義とこれが原始関数であるという上の事実により, $\int_a^b f(x)\,dx = F(b) - F(a)$ の成り立つことがわかり, 定積分が原始関数 $F(x)$ の点 a, b での値の差として求められることになる.

この事情を正確に定理として述べていこう. 関数 $f(x)$ は定義域 $[a,b]$ で連続とし, $[a,b]$ 内の 1 点 c を選び固定する. また $[a,b]$ 内で自由に動ける点を x とする. 積分区間の下端を c に固定し, 上端を変数 x とした積分 $\int_c^x f(t)\,dt$ を上端が変動するという意味で**不定積分**という.

定理 2.2

不定積分
$$G(x) = \int_c^x f(t)\,dt$$
は微分可能であり,
$$\frac{d}{dx}G(x) = f(x)$$
が成り立つ.

定理 2.2 の証明には, それ自身重要な定理 2.3 を用いる.

定理 2.3 (積分の平均値の定理)

関数 $f(x)$ を $[p,q]$ で連続とすると,
$$\int_p^q f(x)\,dx = f(\xi)(q-p) \qquad (p < \xi < q)$$
を満たす ξ が少なくとも一つ存在する.

証明 (定理 2.3 の証明) $p \neq q$ とする. 連続関数 $f(x)$ が区間 $[p,q]$ で定数でないならば, $f(x)$ は $[p,q]$ の中のある点 α, β でそれぞれ最大値 $f(\alpha) = M$ と最小値 $f(\beta) = m$ をとり $m < M$ となっている. よって級数 (2.1) の極限としての定積分の定義から,
$$f(\beta) \cdot (q-p) = m(q-p) < \int_p^q f(x)\,dx < M(q-p) = f(\alpha) \cdot (q-p)$$
が成り立ち, この両辺を $q - p > 0$ で割って
$$f(\beta) < \gamma < f(\alpha), \qquad \text{ここで}\quad \gamma = \frac{\int_p^q f(x)\,dx}{q-p}$$
連続関数 $f(x)$ に関するこの関係に 1 章の中間値の定理を適用すると, $\alpha \neq \beta$ に対しこの 2 点の間にある ξ が, 少なくとも一つ存在し,
$$f(\xi) = \gamma$$
が成り立つ. α と β は $[p,q]$ 内の点であるから当然 ξ も $p < \xi < q$ を満たしている. 最後の式により定理 2.3 が証明された. ∎

証明 (定理 2.2 の証明) $a < x + h < b$ となるように h をとり, 定理 2.3 の p と q をそれぞれ x と $x+h$ に置き換える. このとき, h の正負に依存して, $x < \xi < x+h$ または $x > \xi > x+h$ を満たすある ξ が存在し, 次が成り立つ.
$$\int_x^{x+h} f(t)\,dt = f(\xi) \cdot h$$
ところが
$$\frac{G(x+h) - G(x)}{h} = \frac{1}{h}\int_x^{x+h} f(t)\,dt$$
であるから, 結局
$$\frac{G(x+h) - G(x)}{h} = f(\xi) \qquad (x < \xi < x+h, \text{ または } x > \xi > x+h)$$
となる. $f(x)$ は連続だから, 関係 ($x < \xi < x+h$, または $x > \xi > x+h$) により, 上の式で $h \to 0$ とすると, $f(\xi) \to f(x)$ となり, $G(x)$ は微分可能で $G'(x) = f(x)$ となることが示された. ∎

ある関数 $f(x)$ が与えられているとする.$F'(x) = f(x)$ を満たす関数 $F(x)$ が存在するとき,$F(x)$ を $f(x)$ の**原始関数**という.$f(x)$ の異なる二つの原始関数の差は定数であることが次のようにして確認できる.

$F_1(x)$ と $F_2(x)$ をともに $f(x)$ の原始関数とする,すなわち定義により,$F_1'(x) = f(x)$ と $F_2'(x) = f(x)$ が成り立っているとする.この二つの式から,関数 $F_1'(x)$ と $F_2'(x)$ の差は x に無関係に (恒等的に)0 である.

$$\frac{d}{dx}(F_1(x) - F_2(x)) = F_1'(x) - F_2'(x) \equiv 0,$$

ところが,導関数が恒等的に 0 となる関数は定数関数でなければならないから,ある定数 C が存在し,すべての x に対し

$$F_1(x) - F_2(x) = C \quad \text{すなわち} \quad F_1(x) = F_2(x) + C$$

が成り立つ.この事柄に注意して,定理 2.2 により不定積分

$$G(x) = \int_c^x f(t)\,dt$$

が $f(x)$ の一つの原始関数となっていることを用いれば,$f(x)$ の任意の原始関数 $F(x)$ に対しある定数 C が存在し,次が成り立つことがわかる.

$$\int_c^x f(t)\,dt = G(x) = F(x) + C$$

これを用いると,$f(x)$ の原始関数 $F(x)$ が一つ求まれば,それを利用して定積分 $\int_a^b f(x)\,dx$ の値が $F(b) - F(a)$ で与えられることは次のようにして理解できる.

$$\int_a^b f(x)\,dx = \int_c^b f(x)\,dx - \int_c^a f(x)\,dx = G(b) - G(a)$$
$$= \{(F(b) + C) - (F(a) + C)\} = F(b) - F(a)$$

これを定理として述べておく.

定理 2.4 (微積分の基本定理)

$[a,b]$ で連続な関数 $f(x)$ の一つの原始関数を $F(x)$ とすると, 定積分は次で求められる.

$$\int_a^b f(x)\,dx = F(b) - F(a)$$

定積分は Riemann 和とよばれる有限和の極限で定義されているから, 和をとる操作 $\sum$ を積分 $\int$ に置き換えて次の関係が成り立つ.

定理 2.5

定積分 $\displaystyle\int_a^b f(x)\,dx$ と $\displaystyle\int_a^b g(x)\,dx$ が定まっているならば, 次が成り立つ.

(i) $\displaystyle\int_a^b k f(x)\,dx = k \int_a^b f(x)\,dx \qquad (k\ は定数)$

(ii) $\displaystyle\int_a^b \{f(x) + g(x)\}\,dx = \int_a^b f(x)\,dx + \int_a^b g(x)\,dx$

(iii) $\displaystyle\int_a^b f(x)\,dx = \int_a^c f(x)\,dx + \int_c^b f(x)\,dx$

(iv) $a \leqq x \leqq b$ で $f(x) \leqq g(x)$ であれば $\displaystyle\int_a^b f(x)\,dx \leqq \int_a^b g(x)\,dx$

(v) $a < b$ とすると $\displaystyle\left|\int_a^b f(x)\,dx\right| \leqq \int_a^b |f(x)|\,dx$

次に基本的な原始関数の公式を列挙する.

関数	原始関数
$x^\alpha \ (\alpha \neq -1)$	$\dfrac{x^{\alpha+1}}{\alpha+1}$
$\dfrac{1}{x}$	$\log|x|$
$\dfrac{1}{x^2+a^2} \ (a \neq 0)$	$\dfrac{1}{a}\tan^{-1}\dfrac{x}{a}$
$\dfrac{1}{x^2-a^2} \ (a \neq 0)$	$\dfrac{1}{2a}\log\left|\dfrac{x-a}{x+a}\right|$
$\dfrac{1}{\sqrt{a^2-x^2}} \ (a > 0)$	$\sin^{-1}\dfrac{x}{a}$
$\dfrac{1}{\sqrt{x^2+A}} \ (A \neq 0)$	$\log\left|x+\sqrt{x^2+A}\right|$
$\sqrt{a^2-x^2} \ (a > 0)$	$\dfrac{1}{2}\left(x\sqrt{a^2-x^2}+a^2\sin^{-1}\dfrac{x}{a}\right)$
$\sqrt{x^2+A} \ (A \neq 0)$	$\dfrac{1}{2}\left(x\sqrt{x^2+A}+A\log\left|x+\sqrt{x^2+A}\right|\right)$
$\sin x$	$-\cos x$
$\cos x$	$\sin x$
$\tan x$	$-\log|\cos x|$
$\dfrac{1}{\cos^2 x}$	$\tan x$
$\dfrac{1}{\sin^2 x}$	$-\dfrac{1}{\tan x}$
e^x	e^x
$a^x \ (a > 0, \ a \neq 1)$	$\dfrac{a^x}{\log a}$
$\log x$	$x(\log x - 1)$

§3　置換積分と部分積分

定理 2.6　(置換積分)

関数 $f(x)$ は連続とし，関数 $\varphi(t)$ は連続関数で，その導関数 $\varphi'(t)$ も連続とする．$\varphi(\alpha) = a, \varphi(\beta) = b$ となっているとき変数変換 (置換)$x = \varphi(t)$ により次の公式が成り立つ．

$$\int_a^b f(x)\,dx = \int_\alpha^\beta f(\varphi(t))\varphi'(t)\,dt$$

証明
$$F(x) = \int_a^x f(\xi)\,d\xi$$

とおく．定理 2.2 により，

$$\frac{d}{dt}F(\varphi(t)) = F'(\varphi(t))\frac{d}{dt}\varphi(t) = f(\varphi(t))\varphi'(t)$$

となり，$F(\varphi(t))$ が $f(\varphi(t))\varphi'(t)$ の原始関数であることがわかる．よって定理 2.4 により，

$$\int_\alpha^\beta f(\varphi(t))\varphi'(t)\,dt = F(\varphi(\beta)) - F(\varphi(\alpha)) = F(a) - F(b) = \int_a^b f(x)\,dx$$

例 2.7　上の定理 2.6 を用いると，微分可能な関数 $f(x)$ に対し

$$\int \frac{f'(x)}{f(x)}\,dx = \log|f(x)| + C$$

が成り立つことがわかる．実際, $t = f(x)$ とおけば，

$$\frac{dt}{dx} = f'(x) \quad \text{したがって} \quad f'(x)\,dx = dt$$

である．よって

$$\int \frac{f'(x)}{f(x)}\,dx = \int \frac{1}{t}\,dt = \log|t| + C = \log|f(x)| + C$$

$f(x)$ および $g(x)$ がともに微分可能であるとき

$$\frac{d}{dx}\{f(x)g(x)\} = f'(x)g(x) + f(x)g'(x)$$

が成り立つから，原始関数と定積分に関する微積分の基本定理 2.4 により次の部分積分の公式が得られる．

定理 2.8 （部分積分） $f'(x)$ および $g'(x)$ はともに $[a,b]$ で連続とする．次が成り立つ．

$$\int_a^b f'(x)g(x)\,dx = \bigl[f(x)g(x)\bigr]_a^b - \int_a^b f(x)g'(x)\,dx$$

例 2.9 （部分積分の応用） 自然数 n と定数 $A \neq 0$ に対し，

$$I_n = \int \frac{1}{(x^2+A)^n}\,dx \tag{2.2}$$

とおくと，次の漸化式が成り立つ．

$$I_n = \frac{1}{A}\left\{\frac{x}{(2n-2)(x^2+A)^{n-1}} + \frac{2n-3}{2n-2}I_{n-1}\right\}, \quad n>1 \tag{2.3}$$

(2.3) は次のようにして示すことができる．まず，部分積分により

$$\int (x^2+A)^{-(n-1)}\,dx = x(x^2+A)^{-(n-1)} + 2(n-1)\int x^2 \times (x^2+A)^{-n}\,dx$$

である．これを利用して，次を得る．

$$AI_n = \int \frac{x^2+A-x^2}{(x^2+A)^n}\,dx = I_{n-1} - \int \frac{x^2}{(x^2+A)^n}\,dx$$
$$= I_{n-1} - \left\{-\frac{x}{2(n-1)(x^2+A)^{n-1}} + \frac{1}{2(n-1)}\int \frac{1}{(x^2+A)^{n-1}}\,dx\right\}$$
$$= I_{n-1} + \frac{x}{(2n-2)(x^2+A)^{n-1}} - \frac{1}{2n-2}I_{n-1}$$

これを整理すれば (2.3) が得られる．

例題 2.1 n を自然数とするとき, $x = \sin^{-1} t$ とおいて, 次の定積分の値を求めよ.

$$\int_0^{\frac{\pi}{2}} \sin^n x \cos x \, dx$$

解 $x = \sin^{-1} t$ とおくと, $t = \sin x$ である. したがって

$$\frac{dt}{dx} = \cos x \quad \text{すなわち} \quad \cos x \, dx = dt$$

であり

$$\sin 0 = 0, \quad \sin \frac{\pi}{2} = 1$$

であるから, 定理 2.6 により次が得られる.

$$\int_0^{\frac{\pi}{2}} \sin^n x \cos x \, dx = \int_0^1 t^n dt = \left[\frac{t^{n+1}}{n+1} \right]_0^1 = \frac{1}{n+1}$$

練習 2.1 $a > 0$ を定数とする. $x = a \sin t \ (0 \leqq t \leqq \frac{\pi}{2})$ とおくことにより

$$\int_0^a \sqrt{a^2 - x^2} \, dx = \frac{\pi}{4} a^2$$

が成り立つことを示せ.

例題 2.2 $a \neq 0$ を定数とする．定理 2.8 を用いて次の定積分の値を求めよ．
$$\int_0^1 xe^{ax}\,dx$$

解 定理 2.8 において
$$f'(x) = e^{ax}, \qquad g(x) = x$$
とおくと，
$$f(x) = \frac{1}{a}e^{ax}$$
であるから，次を得る．
$$\int_0^1 xe^{ax}\,dx = \frac{1}{a}\left[xe^{ax}\right]_0^1 - \frac{1}{a}\int_0^1 e^{ax}\,dx = \frac{e^a}{a} - \frac{1}{a^2}\left[e^{ax}\right]_0^1$$
$$= e^a\left(\frac{1}{a} - \frac{1}{a^2}\right) + \frac{1}{a^2}$$

練習 2.2 次が成り立つことを，例 2.9 を用いて示せ．
$$\int \frac{1}{(x^2+2)^2}\,dx = \frac{x}{4(x^2+2)} + \frac{1}{4\sqrt{2}}\tan^{-1}\frac{x}{\sqrt{2}} + C$$

[ヒント]
$$\int \frac{1}{x^2+2}\,dx = \frac{1}{\sqrt{2}}\tan^{-1}\frac{x}{\sqrt{2}} + C$$
を利用し (2.3) を用いよ．

§4　有理関数の積分

二つの多項式 $f(x)$ と $g(x) \neq 0$ により

$$\frac{f(x)}{g(x)}$$

と表される関数を**有理関数**という（$g(x)$ が定数の場合も含める）．分母 $g(x)$ は，$b \neq 0, \cdots, d \neq 0$ として

$$g(x) = a_0(x-\alpha)^k \cdots (x-\beta)^l \{(x-a)^2 + b^2\}^r \cdots \{(x-c)^2 + d^2\}^s$$

の形に因数分解され，$\dfrac{f(x)}{g(x)}$ は，次のように，多項式 $Q(x)$ と部分分数との和で表される．

$$\frac{f(x)}{g(x)} = Q(x) + \sum_{n=1}^{k} \frac{A_n}{(x-\alpha)^n} + \cdots + \sum_{n=1}^{l} \frac{B_n}{(x-\beta)^n}$$

$$+ \sum_{n=1}^{r} \frac{L_n x + M_n}{\{(x-a)^2 + b^2\}^n} + \cdots + \sum_{n=1}^{s} \frac{P_n x + Q_n}{\{(x-c)^2 + d^2\}^n}$$

上の式で $A_n, \cdots, B_n, L_n, M_n, \cdots, P_n, Q_n$ はすべて定数である．これを**部分分数分解**という．

すなわち，有理関数は**部分分数分解**により，一つの多項式と次の 2 種類の型のいくつかの分数式の和に分解される．

$$\frac{A}{(x-\alpha)^n}, \qquad \frac{Lx+M}{\{(x-a)^2+b^2\}^n}$$

最初の型の有理式の積分

$$\int \frac{A}{(x-\alpha)^n} dx$$

は変数変換 $t = x - \alpha$ により容易に求まる．後の型の関数の積分は，変数変換 $t = x - a$ により

$$\int \frac{Lx+M}{\{(x-a)^2+b^2\}^n} dx = L \int \frac{t}{(t^2+b^2)^n} dt + (aL+M) \int \frac{1}{(t^2+b^2)^n} dt$$

と表される．この第 1 項は容易に求められ，第 2 項を求めるには例 2.9 の漸化式 (2.3) を用いればよい．したがって，有理関数の積分はこれらの関数の積分に帰着され，原理的には，すべて求めることができる．

例題 2.3 次の不定積分を求めよ．
$$\int \frac{2}{(x+1)^2(x^2+1)}\,dx$$

解 まず被積分関数を部分分数に分解する．つまり，
$$\frac{2}{(x+1)^2(x^2+1)} = \frac{A}{x+1} + \frac{B}{(x+1)^2} + \frac{Cx+D}{x^2+1}$$
が成り立つように定数 A, B, C, D を定める．そのためには，右辺を通分し左辺と係数の比較をしてもよいし，x に適当な値を 5 つ与え，A, B, C, D に関する連立方程式をつくり，それからこれらの値を定めてもよい．その結果，次の式が得られる．
$$\int \frac{2}{(x+1)^2(x^2+1)}\,dx = \int \left(\frac{1}{x+1} + \frac{1}{(x+1)^2} - \frac{x}{x^2+1}\right)dx$$
ところで，右辺第 1 項は，
$$\int \frac{1}{x+1}\,dx = \log|x+1|$$
であり，第 2 項は置換 $x+1=t$ により
$$\int \frac{1}{(x+1)^2}\,dx = \int t^{-2}\,dt = -t^{-1} = -\frac{1}{x+1}$$
と計算され，第 3 項は $(x^2+1)' = 2x$ に注意すれば例 2.7 の結果が利用でき，$x^2+1 > 0$ により
$$\int \frac{x}{x^2+1}\,dx = \frac{1}{2}\int \frac{(x^2+1)'}{x^2+1}\,dx = \frac{1}{2}\log(x^2+1) + C$$
となる．以上まとめると
$$\int \frac{2}{(x+1)^2(x^2+1)}\,dx = \log|x+1| - \frac{1}{x+1} - \frac{1}{2}\log(x^2+1) + C$$

練習 2.3 次の不定積分を求めよ．
$$\int \frac{2x^2-6}{(x-1)^2(x+1)}\,dx$$

命題 2.10

$R(x,y)$ を x,y の有理関数とする. 積分

$$\int R(\sin x, \cos x)\, dx \tag{2.4}$$

は,

$$t = \tan \frac{x}{2}$$

とおくことにより，次の有理関数の積分に帰着できる.

$$\int R(\sin x, \cos x)\, dx = \int R\left(\frac{2t}{1+t^2}, \frac{1-t^2}{1+t^2}\right)\frac{2}{1+t^2}\, dt \tag{2.5}$$

証明 $t = \tan \dfrac{x}{2}$ の両辺を x で微分すると，

$$\frac{dt}{dx} = \frac{1}{2}\frac{1}{\cos^2 \frac{x}{2}} = \frac{1}{2}\left(1 + \tan^2 \frac{x}{2}\right) = \frac{1+t^2}{2}$$

となり, $dx = \dfrac{2\, dt}{1+t^2}$ が得られ，また

$$\sin x = 2 \sin \frac{x}{2} \cos \frac{x}{2} = 2 \tan \frac{x}{2} \cos^2 \frac{x}{2} = \frac{2 \tan \frac{x}{2}}{1 + \tan^2 \frac{x}{2}} = \frac{2t}{1+t^2},$$

$$\cos x = 2 \cos^2 \frac{x}{2} - 1 = \frac{2}{1 + \tan^2 \frac{x}{2}} - 1 = \frac{1-t^2}{1+t^2}$$

であるから，これらをもとの積分の式に代入すれば，(2.5) が得られる. ∎

命題 2.11

$\sqrt[n]{ax+b}$ と x の有理式の積分に対しては，変数変換

$$t = \sqrt[n]{ax+b}$$

により,

$$x = \frac{t^n - b}{a}, \qquad dx = \frac{nt^{n-1}}{a}\, dt$$

となるから，元の積分は t の有理式の積分に変形される.

また, $\sqrt{ax^2 + bx + c}$ と x の有理式の積分は, $a > 0$ であれば，変数変換

$$t = \sqrt{a}x + \sqrt{ax^2 + bx + c}$$

により，元の積分は t の有理式の積分に変形される.

例題 2.4 次の不定積分を命題 2.10 の方針で求めよ.
$$\int \frac{1}{\sin x}\,dx$$

解
$$t = \tan\frac{x}{2}$$
とおくと, (2.5) により,
$$\int \frac{1}{\sin x}\,dx = \int \frac{1}{\frac{2t}{1+t^2}}\frac{2}{1+t^2}\,dt = \int \frac{1}{t}\,dt$$
$$= \log|t| + C = \log\left|\tan\frac{x}{2}\right| + C$$

練習 2.4 次の不定積分を求めよ.
$$\int \frac{1}{1+\sin x}\,dx$$

§4 有理関数の積分

例題 2.5 命題 2.11 を用いて次の不定積分を求めよ.
$$\int \frac{1}{\sqrt{x^2+x-1}}\,dx$$

解 これは，命題 2.11 の後半の型であるから，$t = x + \sqrt{x^2+x-1}$ とおく．よって，$(t-x)^2 = x^2 + x - 1$ となり，すなわち $t^2 - 2xt + x^2 = x^2 + x - 1$. これより

$$x = \frac{t^2+1}{2t+1}, \qquad \frac{dx}{dt} = \frac{2(t^2+t-1)}{(2t+1)^2}$$

が得られる．$t = x + \sqrt{x^2+x-1}$ とおいていたのであるから，上を用いて

$$\sqrt{x^2+x-1} = t - x = t - \frac{t^2+1}{2t+1} = \frac{t^2+t-1}{2t+1}$$

となり，したがって，

$$\int \frac{1}{\sqrt{x^2+x-1}}\,dx = \int \frac{2t+1}{t^2+t-1}\frac{2(t^2+t-1)}{(2t+1)^2}\,dt$$
$$= \int \frac{2}{2t+1}\,dt = \log|2t+1| + C$$

が得られる．変数を元に戻して，

$$\int \frac{1}{\sqrt{x^2+x-1}}\,dx = \log|2x+1+2\sqrt{x^2+x-1}| + C$$

練習 2.5 次の不定積分を求めよ．
$$\int \frac{1}{x\sqrt{x^2+x+1}}\,dx$$

§5　広義積分

　§1では有界閉区間 $[a,b]$ において連続な関数 $f(x)$ の積分を定義し，その後§4までこのような関数の積分の計算を具体的に考察してきた．この節では，条件「有界閉区間 $[a,b]$ において連続な関数 $f(x)$」を必ずしも満たさない関数 $f(x)$ の積分 (**広義積分**という) の定義を与え，例を示す．

i)　積分区間 $[a,b)$ で連続な関数 $f(x)$ の広義積分は次で定義される

$$\int_a^b f(x)\,dx = \lim_{\epsilon \to +0} \int_a^{b-\epsilon} f(x)\,dx$$

積分区間 $[a,b]$ が被積分関数 $f(x)$ の不連続点や定義されない点 $x=c$ を含むとき，

$$\int_a^b f(x)\,dx = \lim_{\epsilon \to +0} \int_a^{c-\epsilon} f(x)\,dx + \lim_{\epsilon' \to +0} \int_{c+\epsilon'}^b f(x)\,dx$$

ii)　無限区間での広義積分は次で定義される

$$\int_a^\infty f(x)\,dx = \lim_{R \to \infty} \int_a^R f(x)\,dx, \quad \int_{-\infty}^b f(x)\,dx = \lim_{R \to -\infty} \int_R^b f(x)\,dx,$$

$$\int_{-\infty}^\infty f(x)\,dx = \lim_{a \to -\infty, b \to \infty} \int_a^b f(x)\,dx$$

　広義積分の収束判定条件を一般的に与えると次のようになる (**広義積分の収束判定条件**)

(1)　$a < x \leqq b$ に対して，$0 \leqq f(x) \leqq g(x)$ であるとき，

$$\int_a^b g(x)\,dx \quad \text{が存在するならば} \quad \int_a^b f(x)\,dx \quad \text{も存在 (収束) する．}$$

(2)　$f(x)$ を $(a,b]$ で連続な関数とする．もし，ある $\alpha < 1$ と，ある小さな値 $\epsilon > 0$ に対して，$(a, a+\epsilon)$ 上で $(x-a)^\alpha f(x)$ が有界になれば (したがって，特に $\lim_{x \to a+0} (x-a)^\alpha f(x)$ が存在するならば)

$$\int_a^b f(x)\,dx$$

は存在 (収束) する．

(3)　$0 \leq f(x) \leq g(x)$ が成り立っているとき，

$\int_a^\infty g(x)\,dx$　が存在すれば　$\int_a^\infty f(x)\,dx$　も存在 (収束) する.

(4)　$f(x)$ を $[a, \infty)$ で連続な関数とする. もし, ある $\alpha > 1$ と, ある R に対して, $[R, \infty)$ 上で $x^\alpha f(x)$ が有界であれば (したがって, 特に $\lim_{x \to \infty} x^\alpha f(x)$ が存在するならば)

$$\int_a^\infty f(x)\,dx$$

は存在 (収束) する.

　上で述べた広義積分の収束判定条件の (1), (3) は, §1 で与えた被積分関数が連続な区間での定積分の定義と, この節で与えた広義積分の定義および, 上に有界な単調増加数列が収束するという性質を用いて容易に証明できる. 収束判定条件 (2), (4) は収束判定条件の (1), (3) の応用である. 実際, 以下の二つの例は, 収束判定条件 (2), (4) を用いて考察できるが, ここでは, より直接的に収束判定条件の (1), (3) を適用する, これにより収束判定条件 (2), (4) と収束判定条件 (1), (3) との関係も理解できる.

例 2.12　$s > 0$ に対し, 次の広義積分

$$\Gamma(s) = \int_0^\infty e^{-x} x^{s-1}\,dx$$

は存在する. $\Gamma(s)$ をガンマ関数という. $\Gamma(s)$ は次の性質を満たす.

$s > 1$ に対し, $\Gamma(s) = (s-1)\Gamma(s-1)$　特に自然数 n に対し,　$\Gamma(n+1) = n!$

証明　後半の $\Gamma(s)$ に関する性質は, 定義の積分を部分積分すれば明らかである. $\Gamma(s)$ を定義する積分の収束は, 広義積分の収束判定条件を適用して, 次のように確認できる. 広義積分の意味で, $\int_0^\infty e^{-x} x^{s-1}\,dx = \int_0^1 e^{-x} x^{s-1}\,dx + \int_1^\infty e^{-x} x^{s-1}\,dx$, であるから, $\int_0^1 e^{-x} x^{s-1}\,dx$, $\int_1^\infty e^{-x} x^{s-1}\,dx$, がともに存在することを示せばよい. 第 1 の積分の積分範囲は $(0, 1]$ であるから, $1 \leq s$ に対し,

$$0 < e^{-x} x^{s-1} \leq e^{-x} \leq 1 \quad (0 < x \leq 1)$$

であり
$$\int_0^1 e^{-x} x^{s-1}\,dx \leqq \int_0^1 1\,dx = 1$$
また，$0 < s < 1$ に対しては，
$$0 < e^{-x} x^{s-1} < x^{s-1} \quad (0 < x \leqq 1)$$
であるから，
$$\int_0^1 e^{-x} x^{s-1}\,dx \leqq \int_0^1 x^{s-1}\,dx = \lim_{\epsilon \to 0+}\left[\frac{1}{s}x^s\right]_\epsilon^1 = \frac{1}{s}$$
よって，収束判定条件 (1) により，第 1 の積分は存在する．

第 2 の積分については，Maclaurin の定理 1.46 より得られる評価式
$$0 < e^{-x} = \frac{1}{1 + x + \frac{x^2}{2!} + \cdots + \frac{x^n}{n!} + \frac{e^{\theta x}}{(n+1)!}x^{n+1}} \leqq n!\,x^{-n}$$
$$(0 \leqq x < \infty,\, n = 0, 1, \cdots)$$
を利用する．$1 \leqq s$ に対し，ガウスの記号 $[s]$ で s をこえない最大の整数を表すこととし，上の評価式で n を $[s]+2$ としたものを用いる．
$$0 \leqq e^{-x} x^{s-1} < ([s]+2)!\,x^{-([s]+2)} x^{s-1} \leqq ([s]+2)!\,x^{-2} \quad (1 \leqq x < \infty)$$
これにより，
$$\int_1^\infty e^{-x} x^{s-1}\,dx < \int_1^\infty ([s]+2)!\,x^{-2}\,dx = \lim_{R \to \infty}([s]+2)!\left[-x^{-1}\right]_1^R = ([s]+2)!$$
また，$0 < s < 1$ に対しては，
$$0 < e^{-x} x^{s-1} < e^{-x} \quad (1 \leqq x < \infty)$$
が成り立っているから，
$$\int_1^\infty e^{-x} x^{s-1}\,dx < \int_1^\infty e^{-x}\,dx = 1$$
が得られ，収束判定条件 (3) により，第 2 の積分も存在する． ∎

例 2.13 $p > 0, q > 0$ とするとき，次の広義積分
$$B(p, q) = \int_0^1 x^{p-1}(1-x)^{q-1}\,dx$$
は存在する．$B(p, q)$ をベータ関数という．$B(p, q)$ は次の性質を満たす．
$$B(p, q) = B(q, p), \qquad B(p, q) = \frac{q-1}{p} B(p+1, q-1) \qquad (q > 1)$$

証明 後半の $B(p,q)$ に関する性質は，定義の積分の変数変換と，部分積分により明らかである．$B(p,q)$ を定義する積分の収束は，次のようにして確認できる．

はじめに，$0 < p < 1, 0 < q < 1$ とする．積分範囲は $(0,1)$ であるから，これを二つに分けて考察する．

$$\int_0^1 x^{p-1}(1-x)^{q-1}\,dx = \int_0^{\frac{1}{2}} x^{p-1}(1-x)^{q-1}\,dx + \int_{\frac{1}{2}}^1 x^{p-1}(1-x)^{q-1}\,dx$$

よって，問題の広義積分の存在をいうには，上の右辺の二つの広義積分の存在を示せばよい．第1の積分の積分範囲が，$0 < x \leqq \dfrac{1}{2}$ であることに注意すると，

$$0 < x^{p-1}(1-x)^{q-1} < 2x^{p-1} \quad \left(0 < x < \frac{1}{2}\right)$$

であるから，

$$\lim_{\varepsilon \to +0} \int_\varepsilon^{\frac{1}{2}} x^{p-1}(1-x)^{q-1}\,dx < \lim_{\varepsilon \to +0} \int_\varepsilon^{\frac{1}{2}} 2x^{p-1}\,dx = 2 \lim_{\varepsilon \to +0} \left[\frac{1}{p}x^p\right]_\varepsilon^{\frac{1}{2}} = \frac{2}{p}\left(\frac{1}{2}\right)^p$$

が得られ，収束判定条件 (1) により，第1の積分は存在する．

また，第2の積分の積分範囲が $\dfrac{1}{2} \leqq x < 1$ であることに注意すると，評価式

$$0 < x^{p-1}(1-x)^{q-1} < 2(1-x)^{q-1} \quad \left(\frac{1}{2} \leqq x < 1\right)$$

が利用でき，変数変換 $t = 1-x$ を行うと，

$$\lim_{\varepsilon \to +0} \int_{\frac{1}{2}}^{1-\varepsilon} x^{p-1}(1-x)^{q-1}\,dx < \lim_{\varepsilon \to +0} \int_{\frac{1}{2}}^{1-\varepsilon} 2(1-x)^{q-1}\,dx$$

$$= -\lim_{\varepsilon \to +0} \int_{\frac{1}{2}}^{\varepsilon} 2t^{q-1}\,dt = -2 \lim_{\varepsilon \to +0} \left[\frac{1}{q}x^q\right]_{\frac{1}{2}}^{\varepsilon} = \frac{2}{q}\left(\frac{1}{2}\right)^q$$

が得られ，収束判定条件 (1) により，第2の積分も存在する．これで，$0 < p < 1, 0 < q < 1$ の場合に $B(p,q)$ の存在が示された．

他の三つの場合 (i) $0 < p < 1, 1 \leqq q$， (ii) $1 \leqq p, 0 < q < 1$， (iii) $1 \leqq p, 1 \leqq q$ の証明は明らかである．(i), (ii) については，各々，上で行った評価計算の片方を利用することにより，(iii) については，広義積分としての考察の必要なしに，それぞれ，積分 $B(p,q)$ の存在が確認できる．

例題 2.6 次の広義積分の値を求めよ.
$$\int_{-\infty}^{\infty} xe^{-x^2}\,dx$$

解 はじめに
$$\left(\frac{1}{2}e^{-x^2}\right)' = -xe^{-x^2}$$
となることに注意しておく. これにより
$$\int_{-\infty}^{\infty} xe^{-x^2}\,dx = \lim_{a\to-\infty,\,b\to\infty}\int_{a}^{b} xe^{-x^2}\,dx = \lim_{a\to-\infty,\,b\to\infty}\left[-\frac{1}{2}e^{-x^2}\right]_{a}^{b} = 0$$

練習 2.6 次の広義積分の値を求めよ.
$$\int_{1}^{\infty} \frac{1}{x(1+x^2)}\,dx$$

§6　参考事項：連続曲線の長さ

区間 $\alpha \leqq t \leqq \beta$ で定義された二つの連続関数 $x(t)$ と $y(t)$ により，

$$x = x(t), \qquad y = y(t) \tag{2.6}$$

と表される xy 平面上の点 (x, y) の集合を平面上の**連続曲線**という．t の変域 $[\alpha, \beta]$ の一つの分割

$$\Delta : \alpha = t_0 < t_1 < \cdots < t_k < \cdots < t_n = \beta$$

を用いて，"曲線の長さ"を近似する和 L_Δ を次で与えることができる．

$$L_\Delta = \sum_{k=1}^{n} \sqrt{\{x(t_k) - x(t_{k-1})\}^2 + \{y(t_k) - y(t_{k-1})\}^2}$$

分割 Δ を細かくして，上の和が一定の値 $L < \infty$ に収束するならば，すなわち

$$\lim_{|\Delta| \to 0} L_\Delta = L$$

が存在すれば，この極限値 L を (2.6) で与えられる**曲線の長さ**と定義し，曲線は長さ L をもつという．ただし $|\Delta|$ は分割の幅 $t_k - t_{k-1}$ $(k = 1, 2, \cdots, n)$ の最大値である．次の定理が成り立つ．

定理 2.14

曲線 $C : x = x(t), y = y(t)$ $(\alpha \leqq t \leqq \beta)$ において，

$$\frac{dx(t)}{dt}, \quad \frac{dy(t)}{dt}$$

が連続ならば，曲線 C は長さ L をもち，それは次で与えられる．

$$L = \int_\alpha^\beta \sqrt{\left(\frac{dx(t)}{dt}\right)^2 + \left(\frac{dy(t)}{dt}\right)^2}\, dt \tag{2.7}$$

上の定理から，曲線の表記の仕方にしたがって，長さに関する次の公式が得られる．

(i)　曲線 C が $y = f(x)$ $(a \leqq x \leqq b)$ で表されるとき，$f'(x)$ が $[a, b]$ で連続

であれば,
$$L = \int_a^b \sqrt{1+\{f'(x)\}^2}\,dx \tag{2.8}$$

(ii) 曲線 C が $r = f(\theta)$ ($\alpha \leqq \theta \leqq \beta$) と表されるとき,
$$x = r\cos\theta = f(\theta)\cos\theta, \qquad y = r\sin\theta = f(\theta)\sin\theta$$
とみなして, 次が得られる.
$$L = \int_\alpha^\beta \sqrt{\left(\frac{dx}{d\theta}\right)^2 + \left(\frac{dy}{d\theta}\right)^2}\,d\theta = \int_\alpha^\beta \sqrt{f(\theta)^2 + f'(\theta)^2}\,d\theta$$
$$= \int_\alpha^\beta \sqrt{r^2 + \left(\frac{dr}{d\theta}\right)^2}\,d\theta \tag{2.9}$$

§6 参考事項：連続曲線の長さ　49

> **例題 2.7** 心臓形 $r = a(1+\cos\theta)$ $(a>0)$ の全周の長さを求めよ．

解　(2.9) により，

$$\sqrt{r^2 + \left(\frac{dr}{d\theta}\right)^2} = \sqrt{a^2(1+\cos\theta)^2 + (-a\sin\theta)^2}$$

$$= a\sqrt{2(1+\cos\theta)} = 2a\cos\frac{\theta}{2} \qquad (0 \leqq \theta \leqq \pi)$$

よって，次が得られる．

$$L = 2\int_0^\pi 2a\cos\frac{\theta}{2}\,d\theta = 8a.$$

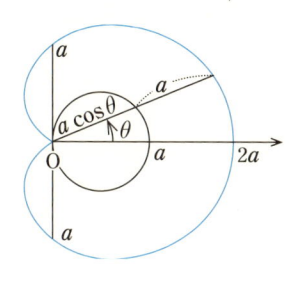

図 2.2

練習 2.7　$a>0$ を与えられた定数とする．曲線 $r = a\sin\theta$ の全長を求めよ．

§7 微分方程式

I をある区間または実数全体とし, I 上で定義された微分可能な関数 $y = y(x)$ を考える. このとき, $x, y(x)$, および導関数 $y'(x)$ がすべての $x \in I$ について, ある関係式, 例えば, $y'(x) = xy(x)$ のような等式を満たすとき, この等式を $y(x)$ についての**微分方程式**という. より一般には, 微分方程式は $y(x)$ の高階導関数を含んでいてもよい. その場合, 微分方程式の中に含まれる最高階の導関数の階数が n であれば, その微分方程式を n **階微分方程式**という. ここでは, 1 階微分方程式だけを扱う.

$f(x)$ を I 上で定義された連続関数で, 微分方程式が $y'(x) = f(x)$ という形で与えられたとき, これを満たす $y(x)$ はどのような関数だろうか. この場合は, 導関数が $f(x)$ なのだから, $y(x)$ は $f(x)$ の原始関数

$$y(x) = \int f(x)\,dx + C$$

である. ここで, $\int f(x)\,dx$ は $f(x)$ の一つの原始関数を表し, C は任意の定数である. このように, 微分方程式を満たす関数をみつけることを微分方程式を**解く**といい, 微分方程式を満たす関数をその微分方程式の**解**という. 上の例のように, 1 階微分方程式の解は一つではなく, 任意の定数 C の値を変えることによって, さまざまな解が得られる. このように, 任意の定数を一つ含む解を 1 階微分方程式の**一般解**という. そして, 任意の定数にある特別な値を代入して得られる解を**特殊解**という.

微分方程式を解くときに, 微分方程式の他に, **初期条件**とよばれる $y(x_0) = y_0$, $x_0 \in I$ という形をした条件を同時に満たす解をみつけたいことがある. このような問題を微分方程式の**初期値問題**という. この場合, 一般解がわかっているとき, 初期条件を満たすように, その一般解に含まれる定数の値を定めることができれば, その値を一般解の定数に代入してできる特殊解が初期値問題の解になる.

7.1 変数分離形

$y'(x) = f(x)g(y)$ という形の微分方程式を変数分離形の微分方程式という. もし, $g(y)$ が恒等的に 0 であれば, $y'(x) = 0$ を解けばよいわけで, $y(x) = c$ (定数) が解になる. そこで, $g(y)$ は恒等的に 0 ではないとする. $g(y) \neq 0$ と仮定して, 両辺を $g(y)$ で割ると,

$$\frac{1}{g(y)}\frac{dy}{dx} = f(x)$$

となる. この両辺を x で積分すると,

$$\int \frac{1}{g(y)}\,dy = \int f(x)\,dx + C$$

となるから, この関係式が一般解を与える. $g(y_0) = 0$ を満たす定数 y_0 があるときには, $y(x) = y_0$ も解になる.

例題 2.8 $y'(x) = xy(x)$ の一般解を求めよ．また，初期条件 $y(0) = 2$ を満たす特殊解を求めよ．

解 $y(x) \neq 0$ と仮定して両辺を y で割ると，

$$\frac{y'(x)}{y(x)} = x$$

となるから，両辺を x で積分して，

$$\log |y(x)| = \frac{x^2}{2} + C$$

となる．これより，$|y(x)| = e^C e^{\frac{x^2}{2}}$ すなわち，$y(x) = \pm e^C e^{\frac{x^2}{2}}$ となるから，あらためて $C_1 = \pm e^C$ とおいて，一般解

$$y(x) = C_1 e^{\frac{x^2}{2}}$$

が得られる．$y(x) = 0$ も解になるが，これは $C_1 = 0$ の場合として一般解に含まれる．ある特殊解が $y(0) = 2$ を満たすためには，$C_1 = 2$ でなければばらないから，初期条件 $y(0) = 2$ を満たす特殊解は $y(x) = 2e^{\frac{x^2}{2}}$ である．

練習 2.8 次の微分方程式の一般解を求めよ．
(1) $y' = (1+y^2)x^2$ (2) $y' = \left(\frac{y}{x}\right)^2 + \frac{y}{x} + 1$ （ヒント $u = \frac{y}{x}$ とおく）

7.2 1 階線形微分方程式

$$y' + p(x)y = q(x) \tag{2.10}$$

の形の微分方程式を (1 階) **線形微分方程式**という．とくに，$q(x)$ が恒等的に 0 に等しい場合，すなわち，

$$y' + p(x)y = 0 \tag{2.11}$$

を斉次 (または同次) 線形微分方程式という．

まず，(2.11) の一般解を求めよう．(2.11) は変数分離形の方程式だから，$y(x) \neq 0$ と仮定して，両辺を y で割ると，

$$\frac{y'}{y} = -p(x)$$

§7 微分方程式　53

となる．両辺を x で積分して，
$$\log|y(x)| = -\int p(x)\,dx + C_1$$
が得られる．したがって，
$$y(x) = \pm e^{C_1} e^{-\int p(x)\,dx}$$
である．ここで，$C_2 = \pm e^{C_1}$ とおいて，
$$y(x) = C_2 e^{-\int p(x)\,dx}$$
が (2.11) の一般解である．ここでは，最初に $y(x) \neq 0$ を仮定して考えたが，実際，$y(x) = 0$ も (2.11) の解である．そして，その解は，$C_2 = 0$ とすれば得られるから，この一般解に含まれる特殊解になっている．

次に，(2.10) の一般解を求めよう．微分方程式 (2.10) は微分方程式 (2.11) に形が似ているので，解の形も似ていると考えて，(2.10) の解が，
$$y(x) = u(x) e^{-\int p(x)\,dx} \tag{2.12}$$
という形をしていると仮定する．これは，(2.11) の一般解に含まれる定数 C_2 を x の関数 $u(x)$ に置き換えてできる形であり，(2.12) が微分方程式 (2.10) の解になるような関数 $u(x)$ をみつけようとする方法である．この方法を**定数変化法**という．(2.12) を微分すれば，
$$y'(x) = u'(x) e^{-\int p(x)\,dx} - u(x) p(x) e^{-\int p(x)\,dx}$$
$$= u'(x) e^{-\int p(x)\,dx} - p(x) y(x)$$
となるから，
$$y'(x) + p(x) y(x) = u'(x) e^{-\int p(x)\,dx}$$
となる．さらに，(2.12) が (2.10) の解であれば，
$$u'(x) e^{-\int p(x)\,dx} = q(x)$$
が成り立つ．ここで，$u(x)$ は
$$u'(x) = q(x) e^{\int p(x)\,dx}$$

を満たす. したがって,
$$u(x) = \int q(x) e^{\int p(x)\,dx} dx + C$$
である. ここで, C は任意の定数である. したがって, (2.10) の一般解は
$$y(x) = e^{-\int p(x)\,dx} \left(\int q(x) e^{\int p(x)\,dx} dx + C \right) \tag{2.13}$$
である.

例題 2.9 $x>0$ の範囲で考えて,微分方程式
$$x^2 y' + xy = 1$$
の一般解を求めよ.

解 $x>0$ としているから,両辺を x^2 で割ると,
$$y' + \frac{1}{x}y = \frac{1}{x^2}$$
という線形微分方程式である.(2.10) の記号では,$p(x) = \dfrac{1}{x}$,$q(x) = \dfrac{1}{x^2}$ に当たるから,$\displaystyle\int p(x)\,dx = \log x$ に注意して (2.13) の一般解の式に代入すると,
$$y(x) = e^{-\log x}\left(\int \frac{1}{x^2} e^{\log x} dx + C\right)$$
$$= \frac{1}{x}(\log x + C)$$
が得られる.

練習 2.9 次の微分方程式の一般解を求めよ ($x>0$ とする).

(1) $y' + \dfrac{y}{x} = x$ 　　(2) $y' + \dfrac{1}{x}y = \sin x$

章末問題 2

1. 部分積分を利用して次の式を導け.

(1) $\displaystyle\int \sin^{-1} x \, dx = x \sin^{-1} x + \sqrt{1-x^2} + C$

(2) $\displaystyle\int \tan^{-1} x \, dx = x \tan^{-1} x - \frac{1}{2} \log(1+x^2) + C$

2. $I_n = \displaystyle\int \sin^n x \, dx, \quad n = 1, 2, \cdots$ に対し, 漸化式

$$I_n = \frac{1}{n}\{-\cos x \sin^{n-1} x + (n-1)I_{n-2}\}$$

が成り立つことを部分積分を用いて示せ. またこれを利用して次の式を証明せよ.

$$\int_0^{\frac{\pi}{2}} \sin^n x \, dx = \int_0^{\frac{\pi}{2}} \cos^n x \, dx$$

$$= \begin{cases} \dfrac{n-1}{n} \cdot \dfrac{n-3}{n-2} \cdots \dfrac{3}{4} \cdot \dfrac{1}{2} \cdot \dfrac{\pi}{2} & (n \text{ が偶数のとき}) \\ \dfrac{n-1}{n} \cdot \dfrac{n-3}{n-2} \cdots \dfrac{4}{5} \cdot \dfrac{2}{3} & (n \text{ が奇数のとき}) \end{cases}$$

3. 次の不定積分を求めよ.

(1) $\displaystyle\int \frac{1}{(x^2+2)^3} \, dx$ (2) $\displaystyle\int \frac{x+1}{(x^2+1)^2} \, dx$

4. 次の不定積分を求めよ.

(1) $\displaystyle\int \frac{1}{\sin x + \cos x + 1} \, dx$ (2) $\displaystyle\int \frac{x}{\sqrt{x+1}+1} \, dx$

5. 次の広義積分の値を求めよ.

(1) $\displaystyle\int_0^\infty \frac{2x}{(x^2+1)^2} \, dx$ (2) $\displaystyle\int_1^\infty \frac{1}{x^3} \, dx$

第3章　無限級数

§1　級数の定義

数列 $\{a_n\}$ の各項を $+$ の記号でつないだもの

$$\sum_{n=1}^{\infty} a_n = a_1 + a_2 + \cdots + a_n + \cdots$$

を級数という．n 項までの**部分和**を

$$S_n = a_1 + a_2 + \cdots + a_n$$

とする．数列 $\{S_n\}$ がある値 S に収束するとき，級数 $\sum_{n=1}^{\infty} a_n$ は**収束**し，その和が S であるといい，$S = \sum_{n=1}^{\infty} a_n$ と表す．数列 $\{S_n\}$ が収束しないとき，級数 $\sum_{n=1}^{\infty} a_n$ は**発散**するという．$\sum_{n=1}^{\infty} a_n$ という記号は級数を表すと同時に，級数が収束するときには，和の値 (部分和の数列の極限値) をも表す．

注意 3.1　　N を自然数の定数とするとき，

$$\sum_{n=1}^{\infty} a_n = \sum_{n=1}^{N} a_n + \sum_{n=N+1}^{\infty} a_n$$

と表され，$\sum_{n=1}^{N} a_n$ は有限和なので，$\sum_{n=1}^{\infty} a_n$ が収束することと，$\sum_{n=N+1}^{\infty} a_n$ が収束することは同値である．ここで，$\sum_{n=N+1}^{\infty} a_n$ は $\sum_{n=1}^{\infty} a_{N+n}$ とも表されるから，数列 $\{a_{N+n}\}_{n=1}^{\infty}$ から定まる級数と考えることができる．

級数が収束するということは，部分和の数列が収束するということだから，数列の収束について成り立つ性質は級数の収束についても成り立つ．例えば，次の性質は，数列の収束の性質を級数の収束の性質に言い換えたものである．

定理 3.2
級数 $\displaystyle\sum_{n=1}^{\infty} a_n$ と $\displaystyle\sum_{n=1}^{\infty} b_n$ が収束するならば，k を定数とするとき，

$$\sum_{n=1}^{\infty}(ka_n + b_n) = k\sum_{n=1}^{\infty} a_n + \sum_{n=1}^{\infty} b_n$$

が成り立つ．

すべての n について $a_n \geqq 0$ が成り立つとき，級数 $\displaystyle\sum_{n=1}^{\infty} a_n$ を**正項級数**という．正項級数の部分和の数列 $\{S_n\}$ は単調増加数列だから，単調増加数列のもっている性質を言い換えることにより，次の定理が成り立つ．

定理 3.3
正項級数の部分和の数列 $\{S_n\}$ が上に有界ならば，この正項級数は収束する．

注意 3.4 一般に，収束する級数の第 n 項 a_n は，第 n 項までの部分和 S_n と第 $n-1$ 項までの部分和 S_{n-1} を用いて $a_n = S_n - S_{n-1}$ と表される．そして，どちらの部分和も同じ極限値に収束するため，収束する級数の第 n 項 a_n は，$n \to \infty$ のとき 0 に収束する．しかし，その逆は成り立つとは限らない．正項級数 $\displaystyle\sum_{n=1}^{\infty} \frac{1}{n}$ の第 n 項である $\dfrac{1}{n}$ は n が大きくなるにつれて減少し，$\displaystyle\lim_{n\to\infty} \frac{1}{n} = 0$ となっているが，級数は発散する (例題 3.2)．この級数のように，級数の第 n 項が 0 に収束していても，級数としては発散するものが存在する．

級数 $\displaystyle\sum_{n=1}^{\infty} a_n$ について，正項級数 $\displaystyle\sum_{n=1}^{\infty} |a_n|$ が収束するとき，$\displaystyle\sum_{n=1}^{\infty} a_n$ は **絶対**

収束するという．

定理 3.5
級数 $\displaystyle\sum_{n=1}^{\infty} a_n$ が絶対収束するならば，収束する．

証明 $S_n = \displaystyle\sum_{k=1}^{n} a_k, T_n = \sum_{k=1}^{n} |a_k|$ とおき，さらに，$a_1, a_2, \cdots, a_n$ のうち，正であるものの和を A_n，負であるものに絶対値をとったものの和を B_n とおく．すると，$S_n = A_n - B_n$ と表され，しかも，$A_n, B_n \leqq T_n$ である．$\displaystyle\sum_{n=1}^{\infty} a_n$ が絶対収束することから，$T_n \to T \ (n \to \infty)$ となる T が存在し，$T_n \leqq T$ だから，$A_n, B_n \leqq T$ が成り立つ．$\{A_n\}, \{B_n\}$ はともに単調増加数列であり，上に有界であることが示されたから，収束し，$A_n \to A, B_n \to B \ (n \to \infty)$ を満たす A, B が存在する．したがって，$S_n = A_n - B_n \to A - B$ となり，部分和の数列 $\{S_n\}$ が収束するから，$\displaystyle\sum_{n=1}^{\infty} a_n$ は収束する．■

例題 3.1 $a(\neq 0)$ を定数とするとき,$\displaystyle\sum_{n=1}^{\infty} ar^n$ が収束するための必要十分条件は $|r| < 1$ であることを示せ.

解 部分和 $\{S_n\}$ は,$r \neq 1$ のとき $S_n = \dfrac{ar(1-r^n)}{1-r}$ と表され,$r = 1$ のとき,$S_n = na$ と表される.$|r| < 1$ のとき,$r^n \to 0 \ (n \to \infty)$ だから,S_n は収束する.$r = 1$ のとき,$a \neq 0$ より,$n \to \infty$ とすると na は発散する.また,$|r| > 1$ または $r = -1$ のときは,$n \to \infty$ とすると r^n が発散する.したがって,$\displaystyle\sum_{n=1}^{\infty} ar^n$ が収束するための必要十分条件は $|r| < 1$ である.

練習 3.1 次の級数の収束,発散を調べよ.また,収束する場合には和の値を求めよ.

(1) $\displaystyle\sum_{n=1}^{\infty} \log \frac{n}{n+1}$ (2) $\displaystyle\sum_{n=1}^{\infty} \frac{2n+1}{n^2(n+1)^2}$

例題 3.2 正項級数 $\displaystyle\sum_{n=1}^{\infty}\frac{1}{n}$ は発散することを示せ．この級数を**調和級数**という．

解 関数 $y=\dfrac{1}{x}$ は，$x>0$ のとき単調に減少するから，すべての $n=1,2,3,\cdots$ について，$n \leqq x$ のとき，$\dfrac{1}{n} \geqq \dfrac{1}{x}$ が成り立つ．これを n から $n+1$ まで積分して，不等式 $\dfrac{1}{n} \geqq \displaystyle\int_{n}^{n+1}\frac{1}{x}\,dx$ が得られる．したがって，

$$\lim_{N\to\infty}\sum_{n=1}^{N}\frac{1}{n} \geqq \lim_{N\to\infty}\int_{1}^{N+1}\frac{1}{x}\,dx = \lim_{N\to\infty}\log(N+1) = \infty$$

となって，$\displaystyle\sum_{n=1}^{\infty}\frac{1}{n}$ は発散する．

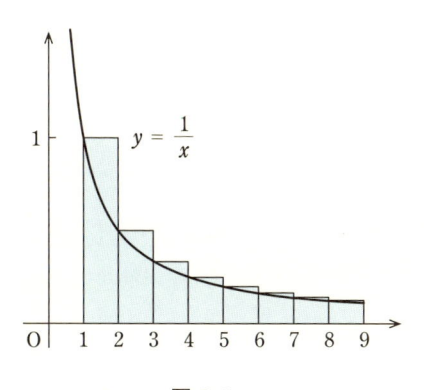

図 3.1

練習 3.2 α を定数とする．正項級数 $\displaystyle\sum_{n=1}^{\infty}\frac{1}{n^{\alpha}}$ について，$\alpha>1$ のときは収束し，$\alpha \leqq 1$ のときは発散することを示せ．

§2 級数の収束の判定

定理 3.6 (比較判定法)

正項級数 $\sum_{n=1}^{\infty} a_n$ と $\sum_{n=1}^{\infty} b_n$ について, $a_n \leqq b_n$, $n = 1, 2, 3, \cdots$ が成り立つとき,

(1) $\sum_{n=1}^{\infty} b_n$ が収束するならば, $\sum_{n=1}^{\infty} a_n$ も収束する.

(2) $\sum_{n=1}^{\infty} a_n$ が発散するならば, $\sum_{n=1}^{\infty} b_n$ も発散する.

証明 (1) $\sum_{n=1}^{\infty} a_n$ の部分和の数列を $\{S_n\}$, $\sum_{n=1}^{\infty} b_n$ の部分和の数列を $\{T_n\}$ とおき, $\lim_{n\to\infty} T_n = T$ と表すと, すべての n について, $S_n \leqq T_n \leqq T$ が成り立つ. したがって, $\{S_n\}$ は上に有界だから定理 3.3 により $\sum_{n=1}^{\infty} a_n$ は収束する. (2) は (1) の対偶だから, 成り立つ. ∎

注意 3.7 注意 3.1 により, 定理 3.6 の (1) と (2) は, ある自然数 N について, $a_n \leqq b_n$, $n = N+1, N+2, N+3, \cdots$ であれば成り立つことがわかる.

定理 3.8 (d'Alembert (ダランベール) の判定法)

正項級数 $\sum_{n=1}^{\infty} a_n$ について, $\lim_{n\to\infty} \frac{a_{n+1}}{a_n} = \ell$ が存在するならば,

(1) $\ell < 1$ のとき, $\sum_{n=1}^{\infty} a_n$ は収束する.

(2) $\ell > 1$ のとき, $\sum_{n=1}^{\infty} a_n$ は発散する.

証明 (1) $\ell < r < 1$ を満たす r をとる. $\lim_{n\to\infty} \frac{a_{n+1}}{a_n} = \ell$ であるから, ある自然数 N が存在して, $N \leqq n$ ならば, いつでも $\frac{a_{n+1}}{a_n} < r$, すなわち, $a_{n+1} < a_n r$ とな

る．そこで，

$$b_n = \begin{cases} a_n, & n \leq N \\ a_N r^{n-N}, & n > N \end{cases}$$

とおくと，$0 < r < 1$ だから，例題 3.1 と注意 3.1 により，$\sum_{n=1}^{\infty} b_n$ は収束する．また，すべての n について $a_n \leq b_n$ が成り立つから，定理 3.6 の (1) により $\sum_{n=1}^{\infty} a_n$ は収束する．

(2) $1 < r < \ell$ を満たす r をとる．(1) と同様に，ある自然数 N_1 が存在して，$N_1 \leq n$ ならば，いつでも $\dfrac{a_{n+1}}{a_n} > r$，すなわち $a_{n+1} > a_n r$ となる．そこで，

$$c_n = \begin{cases} a_n, & n \leq N_1 \\ a_{N_1} r^{n-N_1}, & n > N_1 \end{cases}$$

とおくと，$r > 1$ だから，$\sum_{n=1}^{\infty} c_n$ は発散する．そして，すべての n について $c_n \leq a_n$ が成り立つから，定理 3.6 の (2) により $\sum_{n=1}^{\infty} a_n$ は発散する． ∎

定理 3.8 において，$\ell = 1$ となる場合は，級数によって収束することもあり，発散することもある．

例題 3.3 次の正項級数の収束,発散を判定せよ.
(1) $\displaystyle\sum_{n=1}^{\infty} \frac{\sqrt{n}}{n!}$ (2) $\displaystyle\sum_{n=1}^{\infty} \frac{n}{n^2+3n-1}$

解 (1) $a_n = \dfrac{\sqrt{n}}{n!}$ とおく.

$$\frac{a_{n+1}}{a_n} = \frac{\sqrt{n+1}}{(n+1)!} \frac{n!}{\sqrt{n}} = \frac{1}{n+1}\sqrt{\frac{n+1}{n}} \to 0 < 1$$

となるので,d'Alembert の判定法により,$\displaystyle\sum_{n=1}^{\infty} \frac{\sqrt{n}}{n!}$ は収束する.

(2) 各 n について,

$$\frac{n}{n^2+3n-1} > \frac{n}{n^2+3n} = \frac{1}{n+3}$$

が成り立つ.級数 $\displaystyle\sum_{n=1}^{\infty} \frac{1}{n+3} = \sum_{n=4}^{\infty} \frac{1}{n}$ は調和級数が発散することと,注意 3.1 により,発散する.したがって,比較判定法により,級数 $\displaystyle\sum_{n=1}^{\infty} \frac{n}{n^2+3n-1}$ は発散する.

練習 3.3 次の正項級数の収束,発散を判定せよ.
(1) $\displaystyle\sum_{n=1}^{\infty} \frac{n^2}{e^n}$ (2) $\displaystyle\sum_{n=1}^{\infty} \frac{\sqrt{n}}{n\sqrt{n}+2\sqrt{n-1}}$

§3 べき級数

x を変数とするとき，級数

$$\sum_{n=0}^{\infty} a_n x^n = a_0 + a_1 x + a_2 x^2 + \cdots + a_n x^n + \cdots$$

を x についての**べき級数**または**整級数**という．

べき級数は x のどのような値について収束するかということを考えてみる．$x=0$ のとき，この級数の各項は 1 項目の a_0 以外はすべて 0 であるので，収束して，和は a_0 である．一般に，べき級数の収束について，次の命題が成り立つ．

命題 3.9

べき級数は $x = x_0 \neq 0$ で収束すれば，$|x| < |x_0|$ を満たすようなすべての x において収束する．

証明 $x = x_0$ において，このべき級数が収束することから，その第 n 項である $a_n x_0^n$ は 0 に収束する (注意 3.4)．一般に，収束する数列は有界だから，すべての n について，$|a_n x_0^n| \leq M$ を満たすような定数 M が存在する．ここで，$|x| < |x_0|$ となるような x をとれば，

$$|a_n x^n| = |a_n x_0^n| \left|\frac{x}{x_0}\right|^n \leq M \left|\frac{x}{x_0}\right|^n$$

であり，$\left|\dfrac{x}{x_0}\right| < 1$ だから，$\sum_{n=0}^{\infty} M \left|\dfrac{x}{x_0}\right|^n$ は収束する (例題 3.1)．したがって，比較判定法により，$\sum_{n=0}^{\infty} |a_n x^n|$ が収束するので，定理 3.5 により，$\sum_{n=0}^{\infty} a_n x^n$ は収束する． ∎

命題 3.9 より，べき級数は $x = x_0 \neq 0$ で収束すれば，$r = |x_0| > 0$ とおくと，$|x| < r$ を満たすような x において収束する．このような r の最も大きな値，すなわち，$|x| < r$ を満たす x において収束し，$|x| > r$ を満たす x において発散するような r が存在するとき，これを R と表し，このべき級数の**収束半径**という．また，どんなに大きな r に対してもこのべき級数が $|x| < r$ となる x において収束するときには，収束半径は無限大 ($R = \infty$) と定義する．そして，$x \neq 0$ となるどのような x についてもべき級数が収束しないとき，こ

のべき級数の収束半径は 0 ($R = 0$) とする．

> **定理 3.10**
>
> べき級数 $\sum_{n=0}^{\infty} a_n x^n$ について，$\lim_{n \to \infty} \left| \dfrac{a_{n+1}}{a_n} \right| = \rho$ ならば，この級数の収束半径は $R = \dfrac{1}{\rho}$ となる．ただし，$\rho = 0$ のときは，$R = \infty$ とし，$\rho = \infty$ のときは，$R = 0$ とする．

証明
$$\frac{|a_{n+1} x^{n+1}|}{|a_n x^n|} = \left| \frac{a_{n+1}}{a_n} \right| |x| \to \rho |x|$$

だから，$\rho = 0$ のときは，すべての x について，$\rho |x| = 0 < 1$ となる．したがって，d'Alembert の判定法により，すべての x について，級数 $\sum_{n=0}^{\infty} a_n x^n$ が絶対収束することがわかり，定理 3.5 により，収束する．

$\rho = \infty$ のときは，$x \neq 0$ なら $\left| \dfrac{a_{n+1}}{a_n} \right| |x| \to \infty$ となる．このとき，$M > 1$ となる定数に対して，ある番号 N が定まって，

$$\left| \frac{a_{N+n+1} x^{N+n+1}}{a_{N+n} x^{N+n}} \right| > M, \ n = 0, 1, 2, \cdots$$

となる．したがって，
$$|a_{N+n} x^{N+n}| = \left| a_N x^N \cdot \frac{a_{N+1} x^{N+1}}{a_N x^N} \cdot \frac{a_{N+2} x^{N+2}}{a_{N+1} x^{N+1}} \cdots \frac{a_{N+n} x^{N+n}}{a_{N+n-1} x^{N+n-1}} \right|$$
$$> |a_N x^N| M^n$$

となり，$n \to \infty$ のとき $M^n \to \infty$ だから，数列 $\{a_n x^n\}$ が 0 に収束しないことがわかる．したがって，x において，このべき級数は発散するから，収束半径は 0 である．

$\rho > 0$ で有限の値のときは，d'Alembert の判定法によって，$\rho |x| < 1$ のとき，すなわち，$|x| < \dfrac{1}{\rho}$ のときは収束する．また，$\rho |x| > 1$ のとき，すなわち，$|x| > \dfrac{1}{\rho}$ のときは発散するから，収束半径は $R = \dfrac{1}{\rho}$ である． ∎

注意 3.11 べき級数 $\sum_{n=0}^{\infty} a_n x^n$ の収束半径を R とする．$R = \infty$ のときは，すべての x ($-\infty < x < \infty$) について，このべき級数が収束して和をもつの

で，変数 x に対してその和を対応させる関数 $f(x)$ が定義される．$R > 0$ が有限の値であるとき，$-R < x < R$ を満たす x についてべき級数が収束するので，$-R < x < R$ において関数 $f(x)$ が定義される．このとき，$x > R$ および $x < -R$ を満たす x についてはべき級数が発散するが，$x = R$ および $x = -R$ については，べき級数が収束するのか発散するのかは，収束半径だけでは定まらない．それぞれのべき級数について，個別に調べる必要がある．

例題 3.4 次のべき級数の収束半径を求めよ．
$$1 + \frac{x}{1!} + \frac{x^2}{2!} + \cdots + \frac{x^n}{n!} + \cdots$$

解 $a_n = \dfrac{1}{n!}$ と表されるので，

$$\lim_{n\to\infty}\left|\frac{a_{n+1}}{a_n}\right| = \lim_{n\to\infty}\left|\frac{n!}{(n+1)!}\right| = \lim_{n\to\infty}\frac{1}{n+1} = 0$$

となり，定理 3.10 により，収束半径は $R = \infty$ である．

注意 3.12 例題 3.4 のべき級数は x の関数として，$f(x) = e^x$ を表す．一般に，$f(x)$ が $x = 0$ を含む開区間で何回でも微分することができるとき，$x = 0$ において Maclaurin の定理を適用すると，どんなに大きな自然数 n についても，

$$f(x) = f(0) + \frac{f'(0)}{1!}x + \frac{f''(0)}{2!}x^2 + \cdots + \frac{f^{(n-1)}(0)}{(n-1)!}x^{n-1} + R_n$$

と表される．ここで，もし，$n \to \infty$ のとき $R_n \to 0$ となれば，$f(x)$ がべき級数として

$$f(x) = f(0) + \frac{f'(0)}{1!}x + \frac{f''(0)}{2!}x^2 + \cdots + \frac{f^{(n)}(0)}{n!}x^n + \cdots$$

と表される．とくに，$f(x) = e^x$ の場合には，すべての n について，$f^{(n)}(x) = e^x$ だから，$f^{(n)}(0) = \dfrac{1}{n!}$ となり，例題 3.4 のべき級数と一致する．

よく知られた関数をべき級数で表すと次のようになる．

$$e^x = 1 + \frac{x}{1!} + \frac{x^2}{2!} + \cdots + \frac{x^n}{n!} + \cdots \quad (|x| < \infty)$$

$$\sin x = x - \frac{x^3}{3!} + \frac{x^5}{5!} - \cdots + (-1)^m \frac{x^{2m+1}}{(2m+1)!} + \cdots \quad (|x| < \infty)$$

$$\cos x = 1 - \frac{x^2}{2!} + \frac{x^4}{4!} - \cdots + (-1)^m \frac{x^{2m}}{(2m)!} + \cdots \quad (|x| < \infty)$$

$$\log(1+x) = x - \frac{x^2}{2} + \frac{x^3}{3} - \cdots + (-1)^{n-1}\frac{x^n}{n} + \cdots \qquad (|x| < 1)$$

練習 3.4 $\log(1+x)$ を表すべき級数
$$\log(1+x) = x - \frac{x^2}{2} + \frac{x^3}{3} - \cdots + (-1)^{n-1}\frac{x^n}{n} + \cdots$$
の収束半径は 1 であることを示せ．

第3章 無限級数

例題 3.5 べき級数 $\sum_{n=0}^{\infty} a_n x^n$ について，$\lim_{n\to\infty} \left|\dfrac{a_{n+1}}{a_n}\right| = \rho < \infty$ が成り立つとする．つまり，この級数の収束半径は $R = \dfrac{1}{\rho}$ であるが，このとき，次のべき級数の収束半径も同じになることを示せ．
$$\sum_{n=1}^{\infty} n a_n x^{n-1}$$

解 $\sum_{n=1}^{\infty} n a_n x^{n-1}$ について，x^n の係数は $(n+1)a_{n+1}$ だから，
$$\left|\frac{(n+1)a_{n+1}}{n a_n}\right| = \left|\frac{n+1}{n}\right| \cdot \left|\frac{a_{n+1}}{a_n}\right| \to \rho \quad (n \to \infty)$$
となる．したがって，定理 3.10 により，$\sum_{n=1}^{\infty} n a_n x^{n-1}$ の収束半径も $R = \dfrac{1}{\rho}$ となる． ∎

注意 3.13 収束半径 $R > 0$ のべき級数 $\sum_{n=1}^{\infty} n a_n x^{n-1}$ の各項は $f(x) = \sum_{n=0}^{\infty} a_n x^n$ の各項を微分したものになっている (**項別微分**)．また，例題 3.5 により，関数 $f(x)$ は $-R < x < R$ において何回でも微分することができる．また，べき級数で表される関数 $f(x) = \sum_{n=0}^{\infty} a_n x^n$ は，$|x| < R$ のとき，0 から x まで積分することができて，
$$\int_0^x f(t)\,dt = \sum_{n=0}^{\infty} a_n \frac{x^{n+1}}{n+1}$$
が成り立つことが知られている．ここで，右辺は $f(x)$ を表すべき級数を項別に積分したものになっている (**項別積分**)．

練習 3.5 べき級数
$$1 + x + x^2 + \cdots + x^n + \cdots \quad (|x| < 1)$$

を積分することによって，$-\log(1-x)$ をべき級数で表せ．

練習 3.6 次のべき級数の収束半径 R を求めよ．また，$-R < x < R$ においてこのべき級数が表している関数 $f(x)$ はどのような関数か．
$$1 + 2x + 3x^2 + 4x^3 + \cdots + (n+1)x^n + \cdots$$

章末問題 3

1. (**Cauchy**(コーシー) の判定法)　正項級数 $\sum_{n=1}^{\infty} a_n$ について，極限値 $\lim_{n\to\infty} a_n^{\frac{1}{n}} = \ell$ が存在するとき，次のことを示せ．

    (1) $\ell < 1$ ならば $\sum_{n=1}^{\infty} a_n$ は収束する．

    (2) $\ell > 1$ ならば $\sum_{n=1}^{\infty} a_n$ は発散する．

2. 1. の Cauchy の判定法を利用して，次の級数が収束することを示せ．

    (1) $\sum_{n=2}^{\infty} \frac{1}{(\log n)^n}$　　(2) $\sum_{n=1}^{\infty} n^{-\frac{n}{3}}$

3. $a_n > 0$ とし，$a_1 - a_2 + a_3 - a_4 + a_5 + \cdots$ のように正の項と負の項が交互に現れる形をした級数を**交項級数**という．交項級数 $\sum_{n=1}^{\infty} (-1)^{n-1} a_n$ が次の条件 (A) と (B) を満たすとする．

    (A)　$a_1 \geqq a_2 \geqq a_3 \geqq \cdots a_n \geqq \cdots > 0$

    (B)　$\lim_{n\to\infty} a_n = 0$

    このとき，次の (1), (2) を示せ．

    (1) n 項までの部分和を S_n とするとき，数列 $\{S_{2n}\}$ は上に有界な単調増加数列である．

    (2) 交項級数 $\sum_{n=1}^{\infty} (-1)^{n-1} a_n$ は収束する．

4. 3. の交項級数の収束条件 (A),(B) を用いて，次の級数が収束することを示せ．

    (1) $\sum_{n=1}^{\infty} (-1)^{n-1} \frac{1}{n}$　　(2) $\sum_{n=1}^{\infty} (-1)^{n-1} \frac{1}{\sqrt{n}}$

第4章　多変数関数の微分法

§1　偏微分

xy 平面上の点からなる集合を D とする．D の各点 (x,y) に対して実数 z がただ一つ対応しているとき，その実数を $z = f(x,y)$ と表す．このとき $z = f(x,y)$ を D 上で定義された **2 変数の関数**といい，D を $z = f(x,y)$ の**定義域**という．xyz 空間で，座標が $(x, y, f(x,y))$ である点全体，すなわち

$$\{(x, y, f(x,y))\mid (x,y) \in D\}$$

を $f(x,y)$ の**グラフ**とよぶ．グラフは直感的には xyz 空間における曲面と考えることができる．

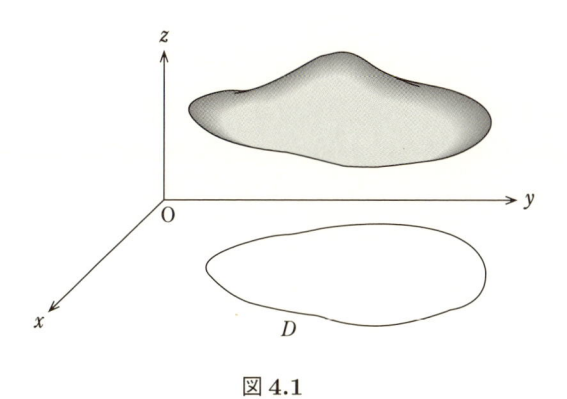

図 4.1

関数の連続性や微分可能性などは 1 点における関数の性質であるから，その点に非常に近い部分で議論すれば十分である．そのとき点 (a,b) に近い点の集合として，(a,b) を中心とする半径 ε の円の内部

$$\mathcal{O}_\varepsilon(a,b) = \{(x,y)\mid \sqrt{(x-a)^2 + (y-b)^2} < \varepsilon\}$$

を考えるのが便利である．このことより，関数の定義域としての集合 D の満たすべき条件としては，

「D の各点 (a,b) において半径 ε を十分小さくうまくとれば，$\mathcal{O}_\varepsilon(a,b) \subset D$ とできる」

を課することが自然である．この条件に加えて，さらに D の任意の 2 点 P, Q に対して，D 内の連続曲線をうまくとってきて P, Q を結ぶことができるという条件を満たすとき，D を**領域**とよぶ．今後，関数の定義域 D としては領域だけを考える．ただし，関数の定義域として，領域にその境界も含めたものを考える必要が起こることがある．その場合の定義域は**閉領域**とよばれる．

点 P(x,y) と点 Q(a,b) の距離 $\overline{\mathrm{PQ}}$ を $\sqrt{(x-a)^2+(y-b)^2}$ で定義する．D の点 P が Q に近づくとき，すなわち $\overline{\mathrm{PQ}} \to 0$ となるとき，P がどのように Q に近づいても，いつも $f(x,y) \to A$ となるとき，$f(x,y)$ の**極限値**が A であるといい

$$\lim_{(x,y) \to (a,b)} f(x,y) = A \quad \text{または} \quad f(x,y) \to A\ ((x,y) \to (a,b))$$

と表す．D で定義された関数 $f(x,y)$ が D の点 (a,b) で**連続**であるとは，$(x,y) \to (a,b)$ のとき，$f(x,y) \to f(a,b)$ となることをいう．また $f(x,y)$ が D の各点 (a,b) で連続であるとき，$f(x,y)$ は D で**連続**であるという．1 変数の関数の場合と同様に，連続関数の和，積，商もまた連続関数である．

関数 $z = f(x,y)$ は D で定義されている．D の点 (a,b) で

$$\lim_{h \to 0} \frac{f(a+h,b) - f(a,b)}{h}$$

が存在するとき，$f(x,y)$ は (a,b) で x について**偏微分可能**であるという．この極限値を (a,b) における x についての**偏微分係数**といい，

$$\frac{\partial f}{\partial x}(a,b) \quad \text{または} \quad f_x(a,b)$$

で表す．同様に

$$\lim_{k \to 0} \frac{f(a,b+k) - f(a,b)}{k}$$

§1 偏微分　75

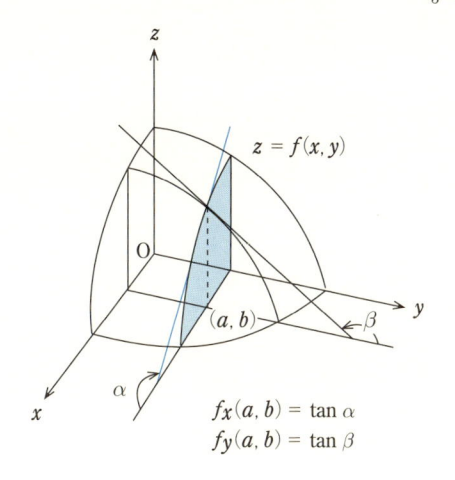

$f_x(a,b) = \tan\alpha$
$f_y(a,b) = \tan\beta$

図 4.2

が存在するとき, $f(x,y)$ は (a,b) で y について**偏微分可能**であるという. この極限値を (a,b) における y についての**偏微分係数**といい,

$$\frac{\partial f}{\partial y}(a,b) \quad \text{または} \quad f_y(a,b)$$

で表す. D の各点 (x,y) に対して, (x,y) における x に関する偏微分係数を対応させると, D で定義された関数が得られる. 同様に y についても D で定義された関数が得られる. このとき, 得られた関数をそれぞれ x, y に関する**偏導関数**といい,

$$\frac{\partial f}{\partial x}(x,y), \ \frac{\partial z}{\partial x} \quad \text{または} \quad f_x(x,y)$$

および

$$\frac{\partial f}{\partial y}(x,y), \ \frac{\partial z}{\partial y} \quad \text{または} \quad f_y(x,y)$$

と表す. $f(x,y)$ の偏導関数が存在するとき, 定義から

$$\frac{\partial f}{\partial x}(x,y) = \lim_{h \to 0} \frac{f(x+h,y) - f(x,y)}{h}$$

だから, y を定数と考えて $f(x,y)$ を x の 1 変数の関数として x で微分すれば

$\dfrac{\partial f}{\partial x}(x,y)$ を求めることができる. $\dfrac{\partial f}{\partial y}(x,y)$ についても同様である. 例えば, $f(x,y) = x^3 + xy^2$ の x についての偏導関数は

$$\dfrac{\partial f}{\partial x}(x,y) = 3x^2 + y^2, \dfrac{\partial f}{\partial y}(x,y) = 2xy$$

である. 1 変数の関数では微分できる関数は連続関数であったが, 2 変数以上の関数の場合, **偏微分できても連続とは限らない**ことに注意する (例題 4.1 をみよ).

例題 4.1 $f(x,y) = \dfrac{xy}{x^2+y^2}$ $(x,y) \neq (0,0)$, $f(0,0) = 0$ について次の問いに答えよ．

(1) $\lim_{(x,y) \to (0,0)} f(x,y)$ が存在しないことを示せ．

(2) $(x,y) \neq (0,0)$ のとき，$f_x(x,y), f_y(x,y)$ を求めよ．

(3) $f(x,y)$ は $(0,0)$ で偏微分可能かどうか調べよ．

解 (1) (x,y) が x 軸に沿って $(0,0)$ に近づくとき，

$$\lim_{(x,y) \to (0,0)} f(x,y) = \lim_{(x,y) \to (0,0)} \frac{x \cdot 0}{x^2 + 0^2} = 0$$

(x,y) が $y = x$ に沿って $(0,0)$ に近づくとき，

$$\lim_{(x,y) \to (0,0)} f(x,y) = \lim_{(x,y) \to (0,0)} \frac{x \cdot x}{x^2 + x^2} = \lim_{(x,y) \to (0,0)} \frac{1}{2} = \frac{1}{2}$$

よって (x,y) の $(0,0)$ への近づき方によって $\lim_{(x,y) \to (0,0)} f(x,y)$ の値が異なる．ゆえに極限は存在しない．

(2) $f(x,y)$ を y を定数とみて，x で微分すると

$$f_x(x,y) = \frac{y \cdot (x^2 + y^2) - xy \cdot 2x}{(x^2 + y^2)^2} = \frac{-x^2 y + y^3}{(x^2 + y^2)^2}$$

$f(x,y)$ は x, y について対称だから，$f_y(x,y)$ は $f_x(x,y)$ において，x, y を入れ替えればよい．よって $f_y(x,y) = \dfrac{-xy^2 + x^3}{(x^2+y^2)^2}$

(3) $f_x(0,0) = \lim_{h \to 0} \dfrac{f(0+h, 0) - f(0,0)}{h} = \lim_{h \to 0} \dfrac{\frac{h \cdot 0}{h^2 + 0^2} - 0}{h} = 0$

同様に $f_y(0,0) = \lim_{k \to 0} \dfrac{f(0, 0+k) - f(0,0)}{k} = \lim_{k \to 0} \dfrac{0 - 0}{k} = 0$ となって偏微分可能であり，偏微分係数はともに 0 である．

注意 (1), (3) から $f(x,y)$ は偏微分可能であっても連続でないことがわかる．

練習 4.1 次の関数を偏微分せよ．

(1) $z = e^{2x} \sin 3y$ (2) $z = \sqrt{x^2 + y^2}$

§2 全微分

$z = f(x,y)$ は領域 D で定義されているとする．点 (a,b) における $f(x,y)$ の値と点 (a,b) に十分近い点 $(a+h,b+k)$ における $f(x,y)$ の値の差を Δz で表す．すなわち，$\Delta z = f(a+h,b+k) - f(a,b)$ とする．いま，h,k に無関係な定数 A,B をうまくとると，$(h,k) \to (0,0)$ としたとき，

$$\frac{\Delta z - (Ah + Bk)}{\sqrt{h^2 + k^2}} \to 0$$

が成り立つとき，言い換えれば $\Delta z - (Ah + Bk)$ が $\sqrt{h^2 + k^2}$ に比べて非常に速く 0 に収束するとき，$z = f(x,y)$ は点 (a,b) において**全微分可能**であるという．さらに D の各点で全微分可能であるとき，$f(x,y)$ は D で**全微分可能**であるという．

$f(x,y)$ が点 (a,b) において全微分可能であるとき，$\Delta z - (Ah + Bk) = \varepsilon(h,k)$ とおく．$\rho = \sqrt{h^2 + k^2}$ とおくと，$\dfrac{\varepsilon(h,k)}{\rho} = \dfrac{\varepsilon(h,k)}{\sqrt{h^2 + k^2}} \to 0$ である．このように ρ で割って $\rho \to 0$ としたとき，関数が 0 に収束する場合，その関数を $o(\rho)$ とかく．$\varepsilon(h,k)$ を $o(\rho)$ とかくことにする．$\rho \to 0$ とすると $o(\rho) = \dfrac{o(\rho)}{\rho} \cdot \rho \to 0$ であることに注意する．こうして $z = f(x,y)$ が点 (a,b) で全微分可能であるとは

$$f(a+h,b+k) - f(a,b) = Ah + Bk + o(\rho)$$

と表すことができることである．このとき次の定理が成り立つ．

定理 4.1

$f(x,y)$ は点 (a,b) において全微分可能であるとする．このとき

(1) $f(x,y)$ は点 (a,b) において連続である．

(2) $f(x,y)$ は点 (a,b) において偏微分可能である．さらに $A = f_x(a,b)$，$B = f_y(a,b)$ である．

証明 $f(x,y)$ が (a,b) で全微分可能であることから，

$$f(a+h,b+k) - f(a,b) = Ah + Bk + o(\rho).$$

(1) 上の式において, 定数 A, B は h, k に無関係だから
$$\lim_{(h,k)\to(0,0)} (f(a+h,b+k) - f(a,b)) = \lim_{(h,k)\to(0,0)} (Ah + Bk + o(\rho)) = 0$$
となり, $f(x,y)$ は点 (a,b) において連続である.
(2) 上の式において $k=0$ ととると
$$\lim_{h\to 0} \frac{f(a+h,b) - f(a,b)}{h} = \lim_{h\to 0} \frac{Ah + o(|h|)}{h} = A$$
となり, x に関して偏微分可能である. よって $f_x(a,b) = A$. y に関する偏微分可能性も同様である. ∎

$z = f(x,y)$ が D で全微分可能であるとする. このとき, 定理 4.1 により任意の点 $(x,y) \in D$ において
$$\Delta z = f(x + \Delta x, y + \Delta y) - f(x,y) = f_x(x,y)\Delta x + f_y(x,y)\Delta y + o(\rho)$$
(ただし $\rho = \sqrt{(\Delta x)^2 + (\Delta y)^2}$) とかける. $f_x(x,y)\Delta x + f_y(x,y)\Delta y$ を $z = f(x,y)$ の**全微分**といい, $f_x(x,y)dx + f_y(x,y)dy$ とかく. $z = f(x,y)$ の全微分は dz または df で表す. したがって
$$dz = f_x(x,y)dx + f_y(x,y)dy$$
とかくことができる.

一般に, **偏微分できる関数がいつも全微分できるとは限らない** (例えば, 例題 4.2 をみよ).

一般に, 全微分可能かどうかを判定するのは必ずしもやさしくない. 次に比較的判定しやすい条件を与える.

定理 4.2

$f_x(x,y)$ と $f_y(x,y)$ が連続であるとする. そのとき, $f(x,y)$ は全微分可能である.

証明 点 (x,y) における $z = f(x,y)$ の値と点 $(x+h, y+k)$ における z の値の差を $\Delta z = f(x+h, y+k) - f(x,y)$ とおく.
$$\Delta z = (f(x+h, y+k) - f(x, y+k)) + (f(x, y+k) - f(x,y))$$
とかき換えて, 平均値の定理を使うと
$$\Delta z = hf_x(x+\theta h, y+k) + kf_y(x, y+\theta' k) \quad 0 < \theta < 1, 0 < \theta' < 1$$

となる．$f_x(x,y)$ と $f_y(x,y)$ が連続だから $h,k \to 0$ とすると，
$$f_x(x+\theta h, y+k) \to f_x(x,y), \ f_y(x, y+\theta' k) \to f_y(x,y)$$
となる．したがって $\varepsilon_1 = f_x(x+\theta h, y+k) - f_x(x,y), \varepsilon_2 = f(x, y+\theta' k) - f_y(x,y)$
とおいて $h,k \to 0$ とすると，$\varepsilon_1, \varepsilon_2 \to 0$ である．
$$\Delta z = hf_x(x+\theta h, y+k) + kf(x, y+\theta' k) = h(\varepsilon_1 + f_x(x,y)) + k(\varepsilon_2 + f_y(x,y))$$
$$= f_x(x,y))h + f_y(x,y))k + h\varepsilon_1 + k\varepsilon_2$$
であり，$\rho = \sqrt{h^2 + k^2}$ とおくと
$$\left|\frac{h\varepsilon_1 + k\varepsilon_2}{\rho}\right| \leqq \left|\frac{h\varepsilon_1}{\rho}\right| + \left|\frac{k\varepsilon_2}{\rho}\right| \leqq |\varepsilon_1| + |\varepsilon_2| \to 0 \quad (h,k \to 0)$$
であるから，$h\varepsilon_1 + k\varepsilon_2 = o(\rho)$ が成り立つ．こうして点 (x,y) において $f(x,y)$ は全微分可能であることがわかる．

例題 4.2 次の問いに答えよ.
(1) 全微分可能の定義に基づいて,関数 $f(x,y) = xy$ は全微分可能であることを示せ.また全微分 df を求めよ.
(2) 定理 4.2 を使って,関数 $f(x,y) = \sin xy$ は全微分可能であることを示せ.さらに全微分 df を求めよ.
(3) 例題 4.1 の関数 $f(x,y)$ は $(0,0)$ で全微分可能でないことを示せ.

解 (1) $(f(x+h, y+k) - f(x,y)) - (f_x(x,y)h + f_y(x,y)k)$
$= ((x+h)(y+k) - xy) - (yh + xk) = hk = \varepsilon(h,k)$ とおくと,
$$\left|\frac{\varepsilon(h,k)}{\rho}\right| = \left|\frac{hk}{\sqrt{h^2+k^2}}\right| \leqq |h| \to 0 \quad (\rho = \sqrt{h^2+k^2} \to 0)$$
であることがわかる.すなわち,$\varepsilon(h,k) = o(\rho)$.よって,$f(x,y) = xy$ は全微分可能である.
全微分は $df = f_x(x,y)\,dx + f_y(x,y)\,dy = y\,dx + x\,dy$.
(2) 定理 4.2 より,$f_x(x,y), f_y(x,y)$ が連続であることがわかればよい.よって,それらを求めると $f_x(x,y) = y\cos xy, f_y(x,y) = x\cos xy$ である.これらは連続関数の合成関数と連続関数の積になっているから,連続である.
全微分は $df = f_x(x,y)\,dx + f_y(x,y)\,dy = y\cos xy\,dx + x\cos xy\,dy$.
(3) 全微分できる関数はいつも連続である.もし $f(x,y)$ が $(0,0)$ で全微分可能ならば $(0,0)$ で連続である.しかし,例題 4.1 問 (1) において $(0,0)$ で連続でないことがわかっているから,$f(x,y)$ は $(0,0)$ で全微分可能でない. ∎

練習 4.2 次の関数 $z = f(x,y)$ の全微分 dz を求めよ.
(1) $f(x,y) = \sin(x^2 - y^2)$ (2) $f(x,y) = \tan^{-1}(xy)$

§3 連鎖定理

合成関数の微分の公式は 1 変数の関数の微分法の計算において，不可欠である．ここでは，多変数の合成関数の偏導関数を与える公式を述べる．

定理 4.3 （連鎖定理）

$z = f(x, y)$ は全微分可能とする．$x = x(t)$ と $y = y(t)$ はともに t の関数で微分可能であるとする．そのとき，合成関数 $z = f(x(t), y(t))$ は t で微分可能であって

$$\frac{dz}{dt} = \frac{\partial f}{\partial x}\frac{dx}{dt} + \frac{\partial f}{\partial y}\frac{dy}{dt}$$

が成り立つ．

証明 $\Delta x = x(t + \Delta t) - x(t), \Delta y = y(t + \Delta t) - y(t)$ とおくと，$x(t), y(t)$ は連続だから $\Delta t \to 0$ のとき，$\Delta x, \Delta y \to 0$ である．また $x = x(t)$ と $y = y(t)$ は t で微分可能だから $\Delta t \to 0$ のとき，$\dfrac{\Delta x}{\Delta t} \to \dfrac{dx}{dt}$, $\dfrac{\Delta y}{\Delta t} \to \dfrac{dy}{dt}$ である．$f(x, y)$ は全微分可能だから

$$\Delta z = f(x + \Delta x, y + \Delta y) - f(x, y) = f_x(x, y)\Delta x + f_y(x, y)\Delta y + o(\rho)$$

が成り立つ．ただし $\rho = \sqrt{(\Delta x)^2 + (\Delta y)^2}$ である．このとき $\displaystyle\lim_{\Delta t \to 0} \frac{o(\rho)}{\Delta t} = 0$ である．実際，

$$\left|\frac{o(\rho)}{\Delta t}\right| = \left|\frac{o(\rho)}{\rho}\right| \cdot \left|\frac{\rho}{\Delta t}\right| = \left|\frac{o(\rho)}{\rho}\right| \cdot \sqrt{\left(\frac{\Delta x}{\Delta t}\right)^2 + \left(\frac{\Delta y}{\Delta t}\right)^2}$$

$$\to 0 \cdot \sqrt{\left(\frac{dx}{dt}\right)^2 + \left(\frac{dy}{dt}\right)^2} = 0$$

である．$\Delta t \to 0$ とすると，

$$\frac{\Delta z}{\Delta t} = \frac{f(x + \Delta x, y + \Delta y) - f(x, y)}{\Delta t} = \frac{f_x(x, y)\Delta x + f_y(x, y)\Delta y + o(\rho)}{\Delta t}$$

$$= f_x(x, y)\frac{\Delta x}{\Delta t} + f_y(x, y)\frac{\Delta y}{\Delta t} + \frac{o(\rho)}{\Delta t} \to \frac{\partial f}{\partial x}\frac{dx}{dt} + \frac{\partial f}{\partial y}\frac{dy}{dt}$$

となり，$f(x(t), y(t))$ は t で微分可能であり，求める式が得られる． ∎

§3 連鎖定理　83

定理 4.4 (連鎖定理)

$z = f(x,y)$ は全微分可能とする．$x = x(u,v)$ と $y = y(u,v)$ がともに u,v の関数で，u,v で偏微分可能であるとき，合成関数 $z = f(x(u,v), y(u,v))$ はそれぞれ u,v で偏微分可能であって

$$\frac{\partial z}{\partial u} = \frac{\partial f}{\partial x}\frac{\partial x}{\partial u} + \frac{\partial f}{\partial y}\frac{\partial y}{\partial u}, \quad \frac{\partial z}{\partial v} = \frac{\partial f}{\partial x}\frac{\partial x}{\partial v} + \frac{\partial f}{\partial y}\frac{\partial y}{\partial v}$$

が成り立つ．

証明　$f(x(u,v), y(u,v))$ を v を定数とみなして，u の1変数の関数と考えて，定理 3.2 を使えば $f(x(u,v), y(u,v))$ は u で偏微分可能であって，第一の式が得られる．v についての結果も同様である． ∎

$f(x,y)$ が偏微分できるとき，偏導関数 $\dfrac{\partial f}{\partial x}, \dfrac{\partial f}{\partial y}$ を得る．これらがさらに偏微分できるとき，x, y で偏微分して **2階偏導関数**

$$\frac{\partial}{\partial x}\left(\frac{\partial f}{\partial x}\right) = \frac{\partial^2 f}{\partial x^2} = (f_x)_x(x,y) = f_{xx}(x,y)$$

$$\frac{\partial}{\partial x}\left(\frac{\partial f}{\partial y}\right) = \frac{\partial^2 f}{\partial x \partial y} = (f_y)_x(x,y) = f_{yx}(x,y)$$

$$\frac{\partial}{\partial y}\left(\frac{\partial f}{\partial x}\right) = \frac{\partial^2 f}{\partial y \partial x} = (f_x)_y(x,y) = f_{xy}(x,y)$$

$$\frac{\partial}{\partial y}\left(\frac{\partial f}{\partial y}\right) = \frac{\partial^2 f}{\partial y^2} = (f_y)_y(x,y) = f_{yy}(x,y)$$

を得る．同様に2階偏導関数がさらに偏微分できるとき，**3階偏導関数**

$$\frac{\partial}{\partial x}\left(\frac{\partial^2 f}{\partial x^2}\right), \; \frac{\partial}{\partial x}\left(\frac{\partial^2 f}{\partial y \partial x}\right), \; \frac{\partial}{\partial y}\left(\frac{\partial^2 f}{\partial x \partial y}\right), \; \frac{\partial}{\partial y}\left(\frac{\partial^2 f}{\partial y^2}\right), \ldots\ldots$$

などを得る．

ここで一般に $\dfrac{\partial^2 f}{\partial x \partial y} \neq \dfrac{\partial^2 f}{\partial y \partial x}$ であることに注意しよう (反例として章末問題4の問題4をみよ)．すなわち，変数 x, y で偏微分する順番によって結果が異なる．しかし $\dfrac{\partial^2 f}{\partial x \partial y} = \dfrac{\partial^2 f}{\partial y \partial x}$ が成り立つと，計算するときに都合がよい．次の結果がよく知られている．

命題 4.5

$\dfrac{\partial^2 f}{\partial x \partial y}$ と $\dfrac{\partial^2 f}{\partial y \partial x}$ がともに連続関数であるとき，$\dfrac{\partial^2 f}{\partial x \partial y} = \dfrac{\partial^2 f}{\partial y \partial x}$ が成り立つ．

いま $f(x,y)$ が $(m+n)$ 回偏微分できて，すべての階数の偏導関数が連続であるとする．このとき x で m 回，y で n 回偏微分した偏導関数は上の命題によって x, y で偏微分する順番に関係しない．よって x で m 回，y で n 回偏微分して得られる $(m+n)$ 階偏導関数を，$\dfrac{\partial^{m+n} f}{\partial x^m \partial y^n}$ で表す．

§3 連鎖定理　85

例題 4.3　$z = f(x, y)$ は 2 回偏微分できる関数で，すべての 2 階偏導関数は連続とする．$x = r\cos\theta$, $y = r\sin\theta$ のとき，次の問いに答えよ．
(1)　$\dfrac{\partial z}{\partial \theta}$ を求めよ．
(2)　$\dfrac{\partial^2 z}{\partial \theta^2}$ を求めよ．

解　(1)　$\dfrac{\partial x}{\partial \theta} = -r\sin\theta$, $\dfrac{\partial y}{\partial \theta} = r\cos\theta$ だから

$$\frac{\partial z}{\partial \theta} = \frac{\partial f}{\partial x}\frac{\partial x}{\partial \theta} + \frac{\partial f}{\partial y}\frac{\partial y}{\partial \theta} = \frac{\partial f}{\partial x}(-r\sin\theta) + \frac{\partial f}{\partial y}(r\cos\theta)$$

(2)　$\dfrac{\partial z}{\partial \theta} = \dfrac{\partial f}{\partial x}\dfrac{\partial x}{\partial \theta} + \dfrac{\partial f}{\partial y}\dfrac{\partial y}{\partial \theta}$ と積の微分法を用いて

$$\frac{\partial^2 z}{\partial \theta^2} = \frac{\partial}{\partial \theta}\left(\frac{\partial z}{\partial \theta}\right) = \frac{\partial}{\partial \theta}\left(\frac{\partial f}{\partial x}\cdot\frac{\partial x}{\partial \theta}\right) + \frac{\partial}{\partial \theta}\left(\frac{\partial f}{\partial y}\cdot\frac{\partial y}{\partial \theta}\right)$$

$$= \left[\frac{\partial}{\partial \theta}\left(\frac{\partial f}{\partial x}\right)\cdot\frac{\partial x}{\partial \theta} + \frac{\partial f}{\partial x}\cdot\frac{\partial^2 x}{\partial \theta^2}\right] + \left[\frac{\partial}{\partial \theta}\left(\frac{\partial f}{\partial y}\right)\cdot\frac{\partial y}{\partial \theta} + \frac{\partial f}{\partial y}\cdot\frac{\partial^2 y}{\partial \theta^2}\right]$$

$$= \left[\left(\frac{\partial}{\partial x}\left(\frac{\partial f}{\partial x}\right)\cdot\frac{\partial x}{\partial \theta} + \frac{\partial}{\partial y}\left(\frac{\partial f}{\partial x}\right)\cdot\frac{\partial y}{\partial \theta}\right)\cdot\frac{\partial x}{\partial \theta} + \frac{\partial f}{\partial x}\cdot\frac{\partial^2 x}{\partial \theta^2}\right]$$
$$+ \left[\left(\frac{\partial}{\partial x}\left(\frac{\partial f}{\partial y}\right)\frac{\partial x}{\partial \theta} + \frac{\partial}{\partial y}\left(\frac{\partial f}{\partial y}\right)\cdot\frac{\partial y}{\partial \theta}\right)\cdot\frac{\partial y}{\partial \theta} + \frac{\partial f}{\partial y}\cdot\frac{\partial^2 y}{\partial \theta^2}\right]$$

$$= \left[\frac{\partial^2 f}{\partial x^2}\cdot\left(\frac{\partial x}{\partial \theta}\right)^2 + \frac{\partial^2 f}{\partial y\partial x}\cdot\frac{\partial y}{\partial \theta}\cdot\frac{\partial x}{\partial \theta} + \frac{\partial f}{\partial x}\cdot\frac{\partial^2 x}{\partial \theta^2}\right]$$
$$+ \left[\frac{\partial^2 f}{\partial x\partial y}\cdot\frac{\partial x}{\partial \theta}\cdot\frac{\partial y}{\partial \theta} + \frac{\partial^2 f}{\partial y^2}\cdot\left(\frac{\partial y}{\partial \theta}\right)^2 + \frac{\partial f}{\partial y}\cdot\frac{\partial^2 y}{\partial \theta^2}\right]$$

これに $\dfrac{\partial^2 x}{\partial \theta^2} = -r\cos\theta$, $\dfrac{\partial^2 y}{\partial \theta^2} = -r\sin\theta$ を代入する．ここで，$\dfrac{\partial^2 f}{\partial x\partial y}$ と $\dfrac{\partial^2 f}{\partial y\partial x}$ は仮定より連続だから，これらは等しいことに注意して，$\dfrac{\partial^2 z}{\partial \theta^2}$ は

$$\frac{\partial^2 f}{\partial x^2}r^2\sin^2\theta - 2\frac{\partial^2 f}{\partial x\partial y}r^2\cos\theta\sin\theta + \frac{\partial^2 f}{\partial y^2}r^2\cos^2\theta - r\left(\frac{\partial f}{\partial x}\cos\theta + \frac{\partial f}{\partial y}\sin\theta\right)$$

を得る．

練習 4.3　$z = f(x, y)$ は 2 回偏微分できる関数で，すべての 2 階偏導関数は連続であるとする．$x = r\cos\theta$, $y = r\sin\theta$ のとき $\dfrac{\partial z}{\partial r}$, $\dfrac{\partial^2 z}{\partial r^2}$ を求めよ．

§ 4 Taylor の定理

$z = f(x, y)$ は x, y について必要な回数だけ偏微分できるとする．実数 h, k に対して $h\dfrac{\partial f}{\partial x} + k\dfrac{\partial f}{\partial y}$ を $\left(h\dfrac{\partial}{\partial x} + k\dfrac{\partial}{\partial y}\right)f$ で表す．

ここで f の代わりに $\left(h\dfrac{\partial}{\partial x} + k\dfrac{\partial}{\partial y}\right)f = h\dfrac{\partial f}{\partial x} + k\dfrac{\partial f}{\partial y}$ を入れたものは

$$\left(h\frac{\partial}{\partial x} + k\frac{\partial}{\partial y}\right)\left(h\frac{\partial}{\partial x} + k\frac{\partial}{\partial y}\right)f$$
$$= \left(h\frac{\partial}{\partial x} + k\frac{\partial}{\partial y}\right)h\frac{\partial f}{\partial x} + \left(h\frac{\partial}{\partial x} + k\frac{\partial}{\partial y}\right)k\frac{\partial f}{\partial y}$$
$$= h^2\frac{\partial^2 f}{\partial x^2} + hk\left(\frac{\partial^2 f}{\partial x \partial y} + \frac{\partial^2 f}{\partial y \partial x}\right) + k^2\frac{\partial^2 f}{\partial y^2}$$

となる．これを $\left(h\dfrac{\partial}{\partial x} + k\dfrac{\partial}{\partial y}\right)^2 f$ で表す．もし $\dfrac{\partial^2 f}{\partial x \partial y}$ と $\dfrac{\partial^2 f}{\partial y \partial x}$ が連続ならば，それらは等しいから

$$\left(h\frac{\partial}{\partial x} + k\frac{\partial}{\partial y}\right)^2 f = h^2\frac{\partial^2 f}{\partial x^2} + 2hk\frac{\partial^2 f}{\partial x \partial y} + k^2\frac{\partial^2 f}{\partial y^2}$$

となることに注意しよう．同様に $\left(h\dfrac{\partial}{\partial x} + k\dfrac{\partial}{\partial y}\right)^3 f$ が定義できる．こうして任意の自然数 n に対して帰納的に $\left(h\dfrac{\partial}{\partial x} + k\dfrac{\partial}{\partial y}\right)^n f$ が定義できる．

関数 $\left(\left(h\dfrac{\partial}{\partial x} + k\dfrac{\partial}{\partial y}\right)^n f\right)(x, y)$ の点 (a, b) における値を

$$\left(h\frac{\partial}{\partial x} + k\frac{\partial}{\partial y}\right)^n f(a, b)$$

と表す．

定理 4.6 (Taylor の定理)

$f(x, y)$ は領域 D の点 (a, b) において n 回までのすべての偏導関数は連続で，(a, b) と $(a+h, b+k)$ を結ぶ線分が D に含まれるものとする．そのとき，うま

§4 Taylor の定理

く $\theta\ (0<\theta<1)$ を選ぶと次の式が成り立つ.

$$f(a+h,b+k) = f(a,b) + \frac{1}{1!}\left(h\frac{\partial}{\partial x} + k\frac{\partial}{\partial y}\right)f(a,b)$$

$$+ \frac{1}{2!}\left(h\frac{\partial}{\partial x} + k\frac{\partial}{\partial y}\right)^2 f(a,b)$$

$$+ \cdots + \frac{1}{(n-1)!}\left(h\frac{\partial}{\partial x} + k\frac{\partial}{\partial y}\right)^{n-1} f(a,b) + R_n \tag{4.1}$$

ここで R_n は剰余とよばれ, $R_n = \dfrac{1}{n!}\left(h\dfrac{\partial}{\partial x} + k\dfrac{\partial}{\partial y}\right)^n f(a+\theta h, b+\theta k)$ である.

証明 $F(t) = f(a+ht, b+kt)$ とおく. $x = a+ht$, $y = b+kt$ として, 連鎖定理 4.3 を使うと

$$F'(t) = f_x(a+ht,b+kt)h + f_y(a+ht,b+kt)k = \left(h\frac{\partial}{\partial x} + k\frac{\partial}{\partial y}\right)f(a+ht,b+kt)$$

が得られる. この式は $g(a+ht, b+kt)$ の形の関数を t で微分すると $\left(h\dfrac{\partial}{\partial x} + k\dfrac{\partial}{\partial y}\right)$ が $g(a+ht, b+kt)$ の前につくことを示している. よって $\left(h\dfrac{\partial}{\partial x} + k\dfrac{\partial}{\partial y}\right)f$ を $g(a+ht, b+kt)$ とみて t で微分すると $\left(h\dfrac{\partial}{\partial x} + k\dfrac{\partial}{\partial y}\right)$ が $\left(h\dfrac{\partial}{\partial x} + k\dfrac{\partial}{\partial y}\right)f$ の前につく. こうして

$$F''(t) = \left(h\frac{\partial}{\partial x} + k\frac{\partial}{\partial y}\right)^2 f(a+ht, b+kt)$$

が得られる. これを繰り返せば

$$F^{(m)}(t) = \left(h\frac{\partial}{\partial x} + k\frac{\partial}{\partial y}\right)^m f(a+ht, b+kt)$$

がわかる. $F^{(m)}(t)$ に $t=0$, $F^{(n)}(t)$ に $t=\theta$ を代入すると

$$F^{(m)}(0) = \left(h\frac{\partial}{\partial x} + k\frac{\partial}{\partial y}\right)^m f(a,b),$$

$$F^n(\theta) = \left(h\frac{\partial}{\partial x} + k\frac{\partial}{\partial y}\right)^n f(a+\theta h, b+\theta k) \tag{4.2}$$

を得る. 定理 1.46 (1 変数の Maclaurin の定理) を $(x=1$ として) 用いると

$$F(1) = F(0) + \frac{F'(0)}{1!} + \frac{F''(0)}{2!} + \cdots + \frac{F^{(n-1)}(0)}{(n-1)!} + \frac{F^{(n)}(\theta)}{n!}$$

となる. これに式 (4.2) を代入すると, 証明したい式 (4.1) を得る.

$(a,b) = (0,0)$ に対する Taylor の定理は **Maclaurin の定理**とよばれる.

系 4.7　(Maclaurin の定理)

$(0,0)$ を含む領域 D において, $f(x,y)$ は n 階までのすべての偏導関数が連続であると仮定する. さらに $(0,0)$ と (h,k) を結ぶ線分が D に含まれるものとする. そのとき, うまく θ $(0 < \theta < 1)$ を選ぶと次の式が成り立つ.

$$f(h,k) = f(0,0) + \frac{1}{1!}\left(h\frac{\partial}{\partial x} + k\frac{\partial}{\partial y}\right)f(0,0)$$
$$+ \frac{1}{2!}\left(h\frac{\partial}{\partial x} + k\frac{\partial}{\partial y}\right)^2 f(0,0) + \cdots$$
$$+ \frac{1}{(n-1)!}\left(h\frac{\partial}{\partial x} + k\frac{\partial}{\partial y}\right)^{n-1} f(0,0) + R_n$$

ただし $R_n = \dfrac{1}{n!}\left(h\dfrac{\partial}{\partial x} + k\dfrac{\partial}{\partial y}\right)^n f(\theta h, \theta k)$ である.

例題 4.4 関数 $f(x, y) = \log(2x + y)$ を $(0, 1)$ において，$n = 3$ として Taylor の定理を適用せよ．

解 定理 4.6 において $a = 0, b = 1, a + h = x, b + k = y$ とおくと

$$f(x, y) = f(0, 1) + \frac{1}{1!}(x f_x(0, 1) + (y - 1) f_y(0, 1))$$

$$+ \frac{1}{2!}(x^2 f_{xx}(0, 1) + 2x(y - 1) f_{xy}(0, 1) + (y - 1)^2 f_{yy}(0, 1)) + R_3$$

(4.3)

を得る．ここで剰余 R_3 は

$$\frac{1}{3!} \left[x^3 \cdot f_{xxx}(\theta x, 1 + \theta(y - 1)) + 3x^2(y - 1) \cdot f_{xxy}(\theta x, 1 + \theta(y - 1)) \right.$$

$$\left. + 3x(y - 1)^2 \cdot f_{xyy}(\theta x, 1 + \theta(y - 1)) + (y - 1)^3 \cdot f_{yyy}(\theta x, 1 + \theta(y - 1)) \right]$$

である．$f(x, y)$ の 3 階までの偏導関数を求めると

$$f_x(x, y) = \frac{2}{2x + y}, f_y(x, y) = \frac{1}{2x + y}, f_{xx}(x, y) = \frac{-4}{(2x + y)^2},$$

$$f_{xy}(x, y) = \frac{-2}{(2x + y)^2}, f_{yy}(x, y) = \frac{-1}{(2x + y)^2}, f_{xxx}(x, y) = \frac{16}{(2x + y)^3},$$

$$f_{xxy}(x, y) = \frac{8}{(2x + y)^3}, f_{xyy}(x, y) = \frac{4}{(2x + y)^3}, f_{yyy}(x, y) = \frac{2}{(2x + y)^3}$$

だから

$$f(0, 1) = 0, f_x(0, 1) = 2, f_y(0, 1) = 1, f_{xx}(0, 1) = -4, f_{xy}(0, 1) = -2,$$

$$f_{yy}(0, 1) = -1$$

を式 (4.3) に代入して

$$f(x, y) = (2x + (y - 1)) + \frac{1}{2!}(-4x^2 - 4x(y - 1) - (y - 1)^2) + R_3,$$

$$R_3 = \frac{1}{3!} \left(\frac{16}{(2\theta x + 1 + \theta(y - 1))^3} x^3 + \frac{24}{(2\theta x + 1 + \theta(y - 1))^3} x^2(y - 1) \right.$$

$$\left. + \frac{12}{(2\theta x + 1 + \theta(y - 1))^3} x(y - 1)^2 + \frac{2}{(2\theta x + 1 + \theta(y - 1))^3}(y - 1)^3 \right),$$

$$0 < \theta < 1$$

を得る．

練習 4.4 $(1, 0)$ において，関数 $f(x, y) = e^x \log(y + 1)$ に $n = 1$ として Taylor の定理を適用せよ．

§5 極値問題

$f(x, y)$ が領域 D で定義されているとする．$\varepsilon > 0$ を十分小さくとって D 内に含まれる点 (a, b) を中心とする半径 ε の円の内部 $\mathcal{O}_\varepsilon(a, b)$ にある任意の点 $(x, y) \neq (a, b)$ に対して

$$f(a, b) > f(x, y)$$

となるとき，関数 $f(x, y)$ は，点 (a, b) で**極大**であるといい，$f(a, b)$ をその**極大値**という．もし $\mathcal{O}_\varepsilon(a, b)$ にある任意の点 $(x, y) \neq (a, b)$ に対して $f(a, b) < f(x, y)$ ならば，関数 $f(x, y)$ は点 (a, b) で**極小**であるといい，$f(a, b)$ をその**極小値**という．また極小値と極大値を極値という．

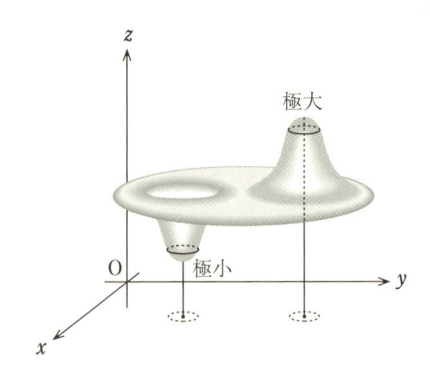

図 4.3

定理 4.8

$f(x, y)$ は D で偏微分可能とする．もし点 (a, b) において極値をとるならば，$f_x(a, b) = f_y(a, b) = 0$ である．

証明 $f(x, y)$ が点 (a, b) において極値をとるならば，$f(x, b)$ は x の 1 変数の関数として極値をとる．よって $f(x, b)$ の $x = a$ における微分係数は 0 である．ゆえに $f_x(a, b) = 0$．$f_y(a, b) = 0$ も同様である．　∎

この定理より，極値をとる点の候補は $f_x(x, y) = f_y(x, y) = 0$ を満たす点 (x, y) である．ただしこれは必要条件であって，十分条件ではない（章末問題

7-(1) を参照). したがって, なんらかの方法で極値を本当にとるかどうかを確かめなければならない. 次の定理はひとつの判定方法を与える.

定理 4.9

$f(x, y)$ は 2 階までのすべての偏導関数が連続であるとする. 点 (a, b) が $f_x(a, b) = f_y(a, b) = 0$ を満たすとき,

$$f_{xx}(a, b) = A, \ f_{xy}(a, b) = B, \ f_{yy}(a, b) = C$$

とおく.

(1) $B^2 - AC < 0$ のとき, $A < 0$ ならば $f(a, b)$ は極大値, $A > 0$ ならば $f(a, b)$ は極小値である.

(2) $B^2 - AC > 0$ のとき, $f(a, b)$ は極値でない.

証明 点 (a, b) の十分近い任意の点 $(a+h, b+k)$ に対して, $n=2$ として Taylor の定理を使うと, $\theta \ (0 < \theta < 1)$ をうまくとって, $f_x(a, b) = f_y(a, b) = 0$ に注意すると

$$f(a+h, b+k) - f(a, b) = \frac{1}{1!}(h f_x(a, b) + k f_y(a, b))$$

$$+ \frac{1}{2!}(h^2 f_{xx}(a+\theta h, b+\theta k) + 2hk f_{xy}(a+\theta h, b+\theta k) + k^2 f_{yy}(a+\theta h, b+\theta k))$$

$$= \frac{1}{2!}(h^2 f_{xx}(a+\theta h, b+\theta k) + 2hk f_{xy}(a+\theta h, b+\theta k) + k^2 f_{yy}(a+\theta h, b+\theta k))$$

を得る. $\rho = \sqrt{h^2 + k^2}$ とおく. このとき

$$f(a+h, b+k) - f(a, b) = \frac{1}{2!}\left(h^2 A + 2hkB + k^2 C\right) + o(\rho^2) \quad (*)$$

とかけることをまず示そう. f_{xx}, f_{xy}, f_{yy} は仮定より連続だから $\rho = \sqrt{h^2+k^2} \to 0$ (すなわち $h, k \to 0$) とすると

$$f_{xx}(a+\theta h, b+\theta k) - f_{xx}(a, b) = \varepsilon_1 \to 0$$

$$f_{xy}(a+\theta h, b+\theta k) - f_{xy}(a, b) = \varepsilon_2 \to 0$$

$$f_{yy}(a+\theta h, b+\theta k) - f_{yy}(a, b) = \varepsilon_3 \to 0$$

このとき,

$$f(a+h, b+k) - f(a, b) = \frac{1}{2!}(h^2 A + 2hkB + k^2 C) + \frac{1}{2!}((h^2 \varepsilon_1 + 2hk \varepsilon_2 + k^2 \varepsilon_3)$$

のように変形できるから, $\frac{1}{2!}(h^2 \varepsilon_1 + 2hk \varepsilon_2 + k^2 \varepsilon_3) = o(\rho^2)$ を示せばよい. 実際,

$$\left| \frac{\frac{1}{2!}(h^2 \varepsilon_1 + 2hk \varepsilon_2 + k^2 \varepsilon_3)}{\rho^2} \right| \leq \left| \frac{h^2}{h^2+k^2} \cdot \varepsilon_1 \right| + \left| \frac{2hk}{h^2+k^2} \cdot \varepsilon_2 \right| + \left| \frac{k^2}{h^2+k^2} \cdot \varepsilon_3 \right|$$

$$\leqq |\varepsilon_1| + |\varepsilon_2| + |\varepsilon_3| \to 0$$

がわかる. これは $\dfrac{1}{2!}((h^2\varepsilon_1 + 2hk\varepsilon_2 + k^2\varepsilon_3) = o(\rho^2)$ であることを示している.

いま $h = \rho\cos\theta, k = \rho\sin\theta$ とおく. 関数 $g(\theta)$ を

$$g(\theta) = A\cos^2\theta + 2B\cos\theta\sin\theta + C\sin^2\theta$$

で定義すると, 式 (∗) より

$$f(a+h, b+k) - f(a,b) = \frac{\rho^2}{2}g(\theta) + o(\rho^2)$$

とかける. ここで関数 $g(\theta)$ は $\theta \neq \dfrac{\pi}{2}, \dfrac{3\pi}{2}$ のとき

$$g(\theta) = A\cos^2\theta + 2B\cos\theta\sin\theta + C\sin^2\theta = \cos^2\theta(A + 2B\tan\theta + C\tan^2\theta)$$

$$= \cos^2\theta\left(C\left(\tan\theta + \frac{B}{C}\right)^2 + \frac{AC - B^2}{C}\right),$$

$\theta = \dfrac{\pi}{2}, \dfrac{3\pi}{2}$ のときは $g(\theta) = C$ である. この関数 $g(\theta)$ の $0 \leqq \theta \leqq 2\pi$ における最大値, 最小値をそれぞれ M, m とする.

(1) $B^2 - AC < 0$ のとき A と C は同符号であることに注意する.

$C > 0$ ならば, $m > 0$ になるから, $f(a+h, b+k) - f(a,b) \geqq \dfrac{\rho^2}{2}m + o(\rho^2)$ がわかる. 一方, $\lim\limits_{\rho \to 0} \dfrac{o(\rho^2)}{\rho^2} = 0$ だから, 十分小さい任意の ρ に対して $-\dfrac{m}{2} < \dfrac{o(\rho^2)}{\rho^2} < \dfrac{m}{2}$ となる. すなわち $\dfrac{\rho^2}{2}m + o(\rho^2) > 0$ となり, $f(a+h, b+k) - f(a,b) > 0$ がわかる. これは $f(a,b)$ が極小値であることを示している.

もし $C < 0$ ならば, $M < 0$ であることがわかる. $\lim\limits_{\rho \to 0} \dfrac{o(\rho^2)}{\rho^2} = 0$ だから, 十分小さい任意の ρ に対して $\dfrac{M}{2} < \dfrac{o(\rho^2)}{\rho^2} < -\dfrac{M}{2}$ となる. すなわち $\dfrac{\rho^2}{2}M + o(\rho^2) < 0$ となり, $f(a+h, b+k) - f(a,b) \leqq \dfrac{\rho^2}{2}M + o(\rho^2) < 0$ がわかる. これは $f(a,b)$ が極大値であることを示している.

(2) $B^2 - AC > 0$ のとき, $g(\theta)$ は正負いずれの値もとるから ρ をどのようにとっても $f(a+h, b+k) - f(a,b)$ は正にも負にもなる. よって $f(a,b)$ は極値にはならない. ∎

注意　$B^2 - AC = 0$ のときは, 別の方法で調べる必要がある.

例題 4.5 次の関数 $f(x,y)$ の極値を求めよ．

(1) $f(x,y) = x^3 - 3x + y^2$　　(2) $f(x,y) = \sqrt{x^2 + y^2}$

解 (1) $f_x(x,y) = 3x^2 - 3 = 0, f_y(x,y) = 2y = 0$ を満たす (x,y) は $(x,y) = (1,0), (-1,0)$ である．$A = f_{xx}(x,y) = 6x, B = f_{xy}(x,y) = 0, C = f_{yy}(x,y) = 2$ とおく．
$(1,0)$ においては，$B^2 - AC = -12 < 0, A = f_{xx}(1,0) = 6 > 0$ となる．よって $f(x,y)$ は極小値 $f(1,0) = -2$ をとる．
$(-1,0)$ では，$B^2 - AC = 12 > 0$ だから $f(-1,0)$ は極値ではない．
(2) $x^2 + y^2 > 0$ のとき，$f_x(x,y) = \dfrac{x}{\sqrt{x^2+y^2}}, f_y(x,y) = \dfrac{y}{\sqrt{x^2+y^2}}$ だから，原点以外の点 (x,y) は $f_x(x,y) = f_y(x,y) = 0$ を満たさない．よって原点以外では極値をとらない．原点以外では $\sqrt{x^2+y^2} > 0$ であるから，原点で $f(x,y)$ は最小である．したがって $f(0,0) = 0$ が極小値である． ∎

練習 4.5 関数 $f(x,y) = x^2 + xy + y^2 - 4x - 2y$ の極値を求めよ．

§6 参考

これまで述べてきた2変数の関数の微分法に関する定義や定理は, 3変数以上の関数に対しても同様な形で成り立つ. 実際, $w = f(x, y, z)$ に対しては, 偏導関数は

$$\frac{\partial w}{\partial x} = \lim_{h \to 0} \frac{f(x+h, y, z) - f(x, y, z)}{h}$$

$$\frac{\partial w}{\partial y} = \lim_{h \to 0} \frac{f(x, y+h, z) - f(x, y, z)}{h}$$

$$\frac{\partial w}{\partial z} = \lim_{h \to 0} \frac{f(x, y, z+h) - f(x, y, z)}{h}$$

で定義される. $w = f(x, y, z)$ が全微分可能であるとは

$$f(a+h, b+k, c+l) - f(a, b, c) = \frac{\partial f}{\partial x}h + \frac{\partial f}{\partial y}k + \frac{\partial f}{\partial z}l + o(\rho), \quad \rho = \sqrt{h^2 + k^2 + l^2}$$

が成り立つことである.

$f(x, y, z)$ が全微分可能で $x = x(u, v, w), y = y(u, v, w), z = z(u, v, w)$ が偏微分可能であるとき, 2変数関数の場合の連鎖定理と同様に u, v, w に関する $f(x, y, z)$ の偏導関数は

$$\frac{\partial f}{\partial u} = \frac{\partial f}{\partial x}\frac{\partial x}{\partial u} + \frac{\partial f}{\partial y}\frac{\partial y}{\partial u} + \frac{\partial f}{\partial z}\frac{\partial z}{\partial u},$$

$$\frac{\partial f}{\partial v} = \frac{\partial f}{\partial x}\frac{\partial x}{\partial v} + \frac{\partial f}{\partial y}\frac{\partial y}{\partial v} + \frac{\partial f}{\partial z}\frac{\partial z}{\partial v},$$

$$\frac{\partial f}{\partial w} = \frac{\partial f}{\partial x}\frac{\partial x}{\partial w} + \frac{\partial f}{\partial y}\frac{\partial y}{\partial w} + \frac{\partial f}{\partial z}\frac{\partial z}{\partial w}$$

となる. Taylor の定理なども2変数の場合と同様である.

次に陰関数定理をのべる. 簡単のために, 2変数の場合に制限することにする. いま2変数の方程式 $F(x, y) = 0$ があるとする. そのとき, x の関数 $y = f(x)$ が x 軸上のある区間で $F(x, f(x)) = 0$ を満たすとき, $y = f(x)$ を $F(x, y) = 0$ によって定まる**陰関数**という.

例として, $F(x, y) = x^2 + y^2 - 1 = 0$ を考えよう. $y = \sqrt{1-x^2}$ や $y = -\sqrt{1-x^2}$ は $F(x, y) = 0$ を満たすから, $F(x, y) = 0$ によって定まる

陰関数である．実は，この例では，$F(x,y) = x^2 + y^2 - 1 = 0$ によって定まる陰関数は無数にある．例えば，$-1 \leq x \leq 1$ において x が有理数のとき，$f(x) = \sqrt{1-x^2}$ とし，無理数のとき，$f(x) = -\sqrt{1-x^2}$ と定義すると，この $y = f(x)$ は $F(x,y) = x^2 + y^2 - 1 = 0$ によって定まる陰関数である．これ以外にもこれと似たような方法で，この場合いくらでも陰関数を定義できるが，このような方法で定義した関数は $-1 \leq x \leq 1$ で連続関数ではない．しかし，陰関数としては，$-1 \leq x \leq 1$ で連続関数であるとか，微分可能な関数であるというようなものを考えるのが自然である．この例の場合，$-1 \leq x \leq 1$ 全体で連続関数であるような陰関数は $y = \sqrt{1-x^2}$ と $y = -\sqrt{1-x^2}$ しかない．さらに，$F(a,b) = 0$ を満たす (a,b) で $b = f(a)$ を満たす条件を与えると，$f(x) = \sqrt{1-x^2}$ か $f(x) = -\sqrt{1-x^2}$ のどちらかが陰関数としてただ一つ定まることがわかる．また陰関数が存在しないこともある．例えば，$F(x,y) = x^2 + y^2 + 1 = 0$ のときは陰関数は存在しない．これらの例は $F(x,y) = 0$ が簡単な方程式なので，陰関数の存在も簡単にわかるが，一般にはもっと複雑である．一般にどのようなときに，陰関数が存在するかが問題になるが，その答えとして次の定理がある．

定理 4.10 (陰関数定理)

関数 $F(x,y)$ は領域 D で 1 階偏導関数が連続とする．

$$(a,b) \in D, F(a,b) = 0,\ F_y(a,b) \neq 0$$

であるとき，$x = a$ を含む開区間をうまくとると，その区間で

$$b = f(a),\ \text{かつ} \quad F(x, f(x)) = 0$$

となる微分可能な関数 $y = f(x)$ がただ一つ定まり，

$$\frac{dy}{dx} = -\frac{F_x(x,y)}{F_y(x,y)}$$

が成り立つ．

章末問題 4

1. 次の関数の偏導関数 f_x, f_y を求めよ．
   (1) $f(x,y) = x^3 + x^2 y - y^2$ (2) $f(x,y) = \sin(2x - y)$
   (3) $f(x,y) = \sin^{-1}(xy)$

2. 次の関数の全微分 dz を求めよ．
   (1) $z = x^2 y + y^3$ (2) $z = \log(x^3 + y^2)$

3. 次の関数の 2 階偏導関数 f_{xx}, f_{xy}, f_{yy} を求めよ．
   (1) $z = x^3 - x^2 y^3$ (2) $z = \dfrac{1}{x - 2y}$

4. 関数 $f(x,y)$ を $(x,y) \neq (0,0)$ のとき $f(x,y) = xy \cdot \dfrac{x^2 - y^2}{x^2 + y^2}$ とし，$(x,y) = (0,0)$ のとき $f(x,y) = 0$ で定義する．次の問いに答えよ．
   (1) $f_x(0,0)$, $f_y(0,0)$ を求めよ．
   (2) $y \neq 0$ のとき $f_x(0,y)$ を，$x \neq 0$ のとき $f_y(x,0)$ を求めよ．
   (3) $f_{xy}(0,0) = -1$, $f_{yx}(0,0) = 1$ を示せ．
   （これより，一般に $\dfrac{\partial^2 f}{\partial x \partial y} \neq \dfrac{\partial^2 f}{\partial y \partial x}$ がわかる．）

5. 次の関数 $z = f(x,y)$ に対して連鎖定理を使って $\dfrac{\partial z}{\partial u}, \dfrac{\partial z}{\partial v}$ を求めよ．
   $$f(x,y) = \log(x^2 + y^2), \quad x = u^2 + v^2, \quad y = u^2 - v^2$$

6. 関数 $f(x,y) = \cos(2x + y)$ に Maclaurin の定理を使って $f(x,y) = (x, y$ の 2 次の多項式 $) +$ 剰余 R_3 の形に表せ．

7. 次の関数 $f(x,y)$ の極値を求めよ．
   (1) $f(x,y) = x^2 - 3x - y^2 + y + xy$ (2) $f(x,y) = -x^2 + 2xy - 3y^2$

第5章　多変数関数の積分法

§1　重積分

多変数関数の積分は重積分とよばれる．ここでは，2変数の関数の積分 (2重積分といわれる) について説明する．

(1)　長方形領域での積分

(x,y) 平面における長方形 $R = [a,b] \times [c,d]$ に対し，区間 $[a,b], [c,d]$ をそれぞれ

$$\Delta : \begin{array}{l} a = x_0 < x_1 < \cdots < x_m = b \\ c = y_0 < y_1 < \cdots < y_n = d \end{array}$$

と分割することにより，座標軸に平行な辺をもつ mn 個の小長方形

$$R_{ij} = [x_{i-1}, x_i] \times [y_{j-1}, y_j] \quad (i = 1, 2, \cdots, m, \ j = 1, 2, \cdots, n)$$

に分ける．分割 Δ の分割幅 $|\Delta|$ を

$$|\Delta| = \max\{x_i - x_{i-1}, y_j - y_{j-1} \mid i = 1, 2, \cdots, m, \ j = 1, 2, \cdots, n\}$$

で定義する．したがって，$|\Delta| \to 0$ とは，小長方形の各辺の長さが 0 に収束することを意味する．

$f(x,y)$ を長方形 R で定義された有界な関数とする．点 s_{ij} を小長方形 R_{ij} の中から勝手に選んだものとする．次に定義されるものを分割 Δ に対する Riemann 和という．

$$R(f, \Delta) = \sum_{i=1}^{m} \sum_{j=1}^{n} f(s_{ij}) |R_{ij}|$$

ここで，$|R_{ij}| = (x_i - x_{i-1})(y_j - y_{j-1})$ (小長方形 R_{ij} の面積) である．

定義 5.1 (積分可能性) $|\Delta| \to 0$ のとき，Riemann 和が，$\{s_{ij}\}$ の選び方に関係なく，一定の値 S に収束するとき，$f(x,y)$ は長方形領域 R で積分可能であるという．また，この極限値 S を $f(x,y)$ の R における重積分といって次のように表す．

$$S = \iint_R f(x,y)\,dxdy$$

1 変数の定積分の場合と同じように，次の定理が成立する．

定理 5.2
　関数 $f(x,y)$ が $R = [a,b] \times [c,d]$ で連続ならば，$f(x,y)$ は R において積分可能である．

(2)　一般の有界領域上の重積分
D を平面上の有界領域，$f(x,y)$ を D において定義された有界関数とする．このとき，$f(x,y)$ の定義域を次のように平面全体まで広げる．

$$f_0(x,y) = \begin{cases} f(x,y), & (x,y) \in D \\ 0, & (x,y) \notin D \end{cases}$$

定義 5.3　(一般の積分可能性) 上で定義された関数 $f_0(x,y)$ が D を含む長方形領域 R 上で積分可能なとき，$f(x,y)$ は D で積分可能であるといい，$f(x,y)$ の D 上の積分を

$$\iint_D f(x,y)\,dxdy = \iint_R f_0(x,y)\,dxdy$$

と定義する．この定義は D を含む長方形 R のとり方にはよらない．

有界領域の面積

領域 D の各点で 1，その他の点で 0 の値をとる関数を D の特性関数とよび，$\chi_D(x,y)$ で表す．$\chi_D(x,y)$ が D で積分可能であるとき，D の面積が確定する

といい, D の面積 $|D|$ を

$$|D| = \iint_D \chi_D(x,y)\,dxdy = \iint_D 1\,dxdy$$

によって定義する.

例 5.4 $h_i(t)$, $k_i(t)$ を $[a_i, b_i]$ $(i=1,2)$ で連続な関数で $h_i(t) \leqq k_i(t)$ ($a_i \leqq t \leqq b_i$) とする. このとき,

$$D_1 = \{(x,y)|a_1 \leqq x \leqq b_1, h_1(x) \leqq y \leqq k_1(x)\} \quad \text{(縦線領域)}$$

$$D_2 = \{(x,y)|a_2 \leqq y \leqq b_2, h_2(y) \leqq x \leqq k_2(y)\} \quad \text{(横線領域)}$$

はいずれも面積確定であり, それぞれの面積は

$$|D_1| = \int_{a_1}^{b_1} \{k_1(x) - h_1(x)\}\,dx, \quad |D_2| = \int_{a_2}^{b_2} \{k_2(y) - h_2(y)\}\,dy$$

により計算できる.

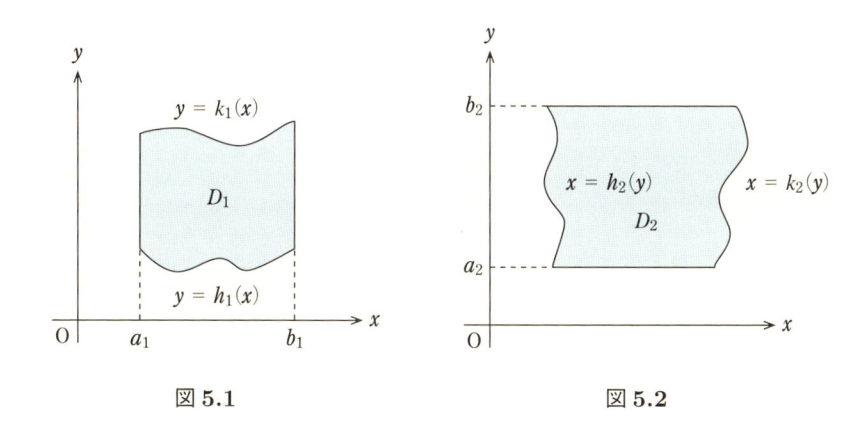

図 5.1

図 5.2

1 変数の定積分を繰り返す操作を累次積分という. 次節において, 重積分の値は累次積分により求められることを示す. ここでは累次積分のいくつかの計算例を与える.

例題 5.1　（累次積分） 次の累次積分の値を求めよ.

(1) $\displaystyle\int_1^3 \left(\int_0^1 \frac{x^3}{y}\,dx\right) dy$ 　　(2) $\displaystyle\int_{\frac{\pi}{3}}^{\frac{\pi}{2}} \left(\int_0^x \cos(x+y)\,dy\right) dx$

解　(1) $\displaystyle\int_1^3 \left(\int_0^1 \frac{x^3}{y}\,dx\right) dy = \int_1^3 \left[\frac{x^4}{4y}\right]_{x=0}^{x=1} dy = \int_1^3 \frac{1}{4y}\,dy = \left[\frac{\log y}{4}\right]_1^3 = \dfrac{\log 3}{4}$

(2) $\displaystyle\int_{\frac{\pi}{3}}^{\frac{\pi}{2}} \left(\int_0^x \cos(x+y)\,dy\right) dx = \int_{\frac{\pi}{3}}^{\frac{\pi}{2}} [\sin(x+y)]_{y=0}^{y=x}\,dx$

$= \displaystyle\int_{\frac{\pi}{3}}^{\frac{\pi}{2}} (\sin 2x - \sin x)\,dx = \left[-\frac{\cos 2x}{2} + \cos x\right]_{\frac{\pi}{3}}^{\frac{\pi}{2}}$

$= -\dfrac{\cos \pi}{2} + \cos \dfrac{\pi}{2} + \dfrac{\cos \frac{2\pi}{3}}{2} - \cos \dfrac{\pi}{3} = \dfrac{1}{2} - \dfrac{1}{4} - \dfrac{1}{2} = -\dfrac{1}{4}$

練習 5.1 次の累次積分の値を求めよ.

(1) $\displaystyle\int_{-1}^0 \left(\int_1^2 (1+xy)\,dx\right) dy$ 　　(2) $\displaystyle\int_0^{\frac{\pi}{2}} \left(\int_0^x \sin(x-y)\,dy\right) dx$

§2 重積分の計算

積分可能性に関して,次の結果が基本的である.

定理 5.5
面積確定な有界閉領域上の連続関数は,その上で積分可能である.

前節において定義された縦線領域 D_1,横線領域 D_2 の上の重積分の値は累次積分により求めることができる.

定理 5.6
(1) D_1 上の連続関数 $f(x,y)$ は D_1 で積分可能であり,次式が成立する.
$$\iint_{D_1} f(x,y)\,dxdy = \int_{a_1}^{b_1}\left(\int_{h_1(x)}^{k_1(x)} f(x,y)\,dy\right)dx$$
(2) D_2 上の連続関数 $f(x,y)$ は D_2 で積分可能であり,次式が成立する.
$$\iint_{D_2} f(x,y)\,dxdy = \int_{a_2}^{b_2}\left(\int_{h_2(y)}^{k_2(y)} f(x,y)\,dx\right)dy$$

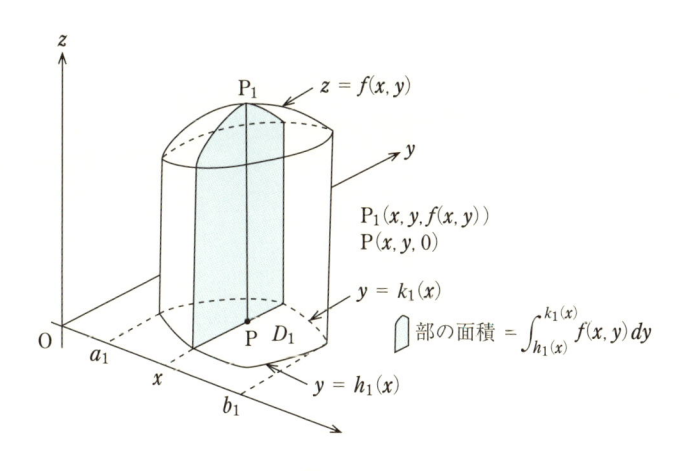

図 5.3

さらに，領域が長方形領域の場合には

系 5.7

$R = [a, b] \times [c, d]$ 上の連続関数 $f(x, y)$ の重積分の値は次式で求められる．

$$\iint_R f(x, y)\, dxdy = \int_a^b \left(\int_c^d f(x, y)\, dy \right) dx = \int_c^d \left(\int_a^b f(x, y)\, dx \right) dy$$

特に，$f(x, y)$ が変数分離，すなわち $f(x, y) = f_1(x) f_2(y)$ であるときには

$$\iint_R f(x, y)\, dxdy = \int_a^b f_1(x)\, dx \int_c^d f_2(y)\, dy$$

が成立する．

累次積分の順序交換

積分領域 D が定理 5.6 の (1) の縦線領域 D_1 のようにも，(2) の横線領域 D_2 のようにも表されるとき，D 上の連続関数 $f(x, y)$ について

$$\int_{a_1}^{b_1} \left(\int_{h_1(x)}^{k_1(x)} f(x, y)\, dy \right) dx = \int_{a_2}^{b_2} \left(\int_{h_2(y)}^{k_2(y)} f(x, y)\, dx \right) dy$$

が成立する．

注意 5.8 いままでの議論は 3 次元 (3 変数関数の積分) に拡張できる．このとき，2 変数における面積に対応するものは体積になる．例えば，次の公式が成立する：

$f(x, y, z)$ は直方体 $A = [a_1, a_2] \times [b_1, b_2] \times [c_1, c_2]$ 上で定義された連続関数とする．このとき，

$$\iiint_A f(x, y, z)\, dxdydz = \int_{a_1}^{a_2} \left(\iint_{R_1} f(x, y, z)\, dydz \right) dx$$
$$= \iint_{R_1} \left(\int_{a_1}^{a_2} f(x, y, z)\, dx \right) dydz$$

ただし，$R_1 = [b_1, b_2] \times [c_1, c_2]$ である．

§2 重積分の計算　103

例題 5.2 （**重積分の計算**）　次の重積分の値を求めよ．

(1) $\displaystyle\iint_D xy\,dxdy,\ D: 2x+y \leqq 1,\ x \geqq 0, y \geqq 0$

(2) $\displaystyle\iint_D (x+y)\,dxdy,\ D: 0 \leqq x \leqq y^2 \leqq 1$

[考え方]　与えられた重積分の積分領域が，縦線領域，横線領域，どちらの形で表せるかを調べる．どちらか一方の表示しかできない場合には，その可能な場合にしたがって，累次積分の形に直し，その積分を実行する．どちらの形でも表せる場合は，対応する累次積分がより簡単そうな方を選び，積分を実行する．ただし，累次積分に直しても，その累次積分の値を具体的に求められない場合もある．

解　(1) $D = \{(x,y)\,|\,0 \leqq x \leqq \dfrac{1}{2},\ 0 \leqq y \leqq 1-2x\}$ と表すことができ，D は縦線領域であることがわかるので，定理 5.6, (1) を用いると，

$$\begin{aligned}
\iint_D xy\,dxdy &= \int_0^{\frac{1}{2}} \left(\int_0^{1-2x} xy\,dy\right) dx \\
&= \int_0^{\frac{1}{2}} \left[\frac{xy^2}{2}\right]_{y=0}^{y=1-2x} dx \\
&= \int_0^{\frac{1}{2}} \frac{x(1-2x)^2}{2}\,dx \\
&= \left[\frac{1}{4}x^2 - \frac{2}{3}x^3 + \frac{1}{2}x^4\right]_0^{\frac{1}{2}} \\
&= \frac{1}{16} - \frac{1}{12} + \frac{1}{32} = \frac{1}{96}
\end{aligned}$$

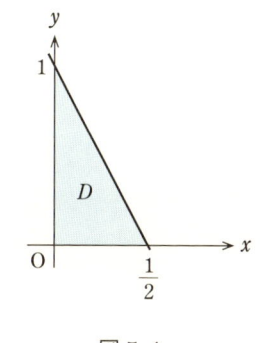

図 5.4

(2) $D = \{(x,y) | -1 \leqq y \leqq 1, 0 \leqq x \leqq y^2\}$ (横線領域) と表すことができるから, 定理 5.6, (2) を用いると,

$$\iint_D (x+y)\,dxdy = \int_{-1}^1 \left(\int_0^{y^2}(x+y)\,dx\right)dy$$

$$= \int_{-1}^1 \left[\frac{1}{2}x^2 + xy\right]_{x=0}^{x=y^2} dy$$

$$= \int_{-1}^1 \left(\frac{1}{2}y^4 + y^3\right) dy$$

$$= \left[\frac{1}{10}y^5\right]_{-1}^1 = \frac{1}{5}$$

図 5.5

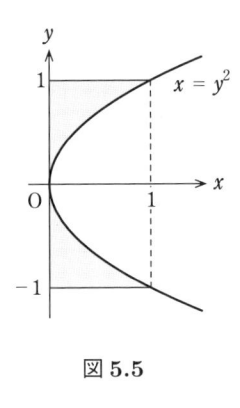

練習 5.2 次の重積分の値を求めよ.

(1) $\displaystyle\iint_D \frac{y}{x}\,dxdy \quad D: \frac{1}{2} \leqq x \leqq 1,\ x^2 \leqq y \leqq x$

(2) $\displaystyle\iint_D y\,dxdy \quad D: 0 \leqq y \leqq 1,\ y+1 \leqq x \leqq e^y$

例題 5.3 （積分順序の交換）　次の累次積分の順序を交換せよ．

(1) $\displaystyle\int_0^1 \left(\int_{x^3}^{\sqrt{x}} f(x,y)\,dy\right) dx$

(2) $\displaystyle\int_0^1 \left(\int_{1-y}^1 f(x,y)\,dx\right) dy + \int_1^2 \left(\int_0^{2-y} f(x,y)\,dx\right) dy$

解　(1) 累次積分に付随する積分領域は $D = \{(x,y)|\, 0 \leqq x \leqq 1,\, x^3 \leqq y \leqq \sqrt{x}\} = \{(x,y)|\, 0 \leqq y \leqq 1,\, y^2 \leqq x \leqq \sqrt[3]{y}\}$ となるから

$$\int_0^1 \left(\int_{x^3}^{\sqrt{x}} f(x,y)\,dy\right) dx = \int_0^1 \left(\int_{y^2}^{\sqrt[3]{y}} f(x,y)\,dx\right) dy$$

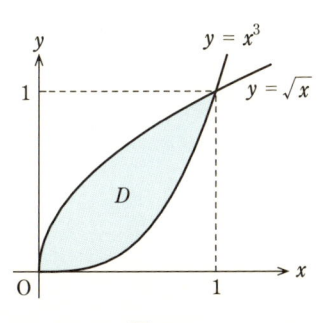

図 5.6

(2) 累次積分に付随する積分領域は $D = \{(x,y)|\, 0 \leqq y \leqq 1,\, 1-y \leqq x \leqq 1\} \cup \{(x,y)|\, 1 \leqq y \leqq 2,\, 0 \leqq x \leqq 2-y\} = \{(x,y)|\, 0 \leqq x \leqq 1,\, 1-x \leqq y \leqq 2-x\}$ となるから

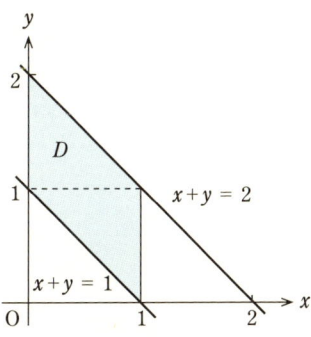

図 5.7

$$\int_0^1 \left(\int_{1-y}^1 f(x,y)\,dx \right) dy + \int_1^2 \left(\int_0^{2-y} f(x,y)\,dx \right) dy$$
$$= \int_0^1 \left(\int_{1-x}^{2-x} f(x,y)\,dy \right) dx$$

練習 5.3 次の累次積分の順序を交換せよ.

(1) $\displaystyle\int_0^{\frac{\pi}{2}} \left(\int_0^{\cos x} f(x,y)\,dy \right) dx$ 　　(2) $\displaystyle\int_{-2}^2 \left(\int_0^{\sqrt{1-\frac{y^2}{4}}} f(x,y)\,dx \right) dy$

§3 変数変換

重積分の計算において,積分領域,被積分関数の形によっては変数変換を利用して計算をすると便利な場合がある.1変数の場合の置換積分に相当するものである.

n 個の偏微分可能な n 変数の関数

$$f_1(x_1, x_2, \cdots, x_n),\ f_2(x_1, x_2, \cdots, x_n), \cdots, f_n(x_1, x_2, \cdots, x_n)$$

に対する行列式

$$J = \frac{\partial(f_1, \cdots, f_n)}{\partial(x_1, \cdots, x_n)} = \begin{vmatrix} \dfrac{\partial f_1}{\partial x_1} & \dfrac{\partial f_1}{\partial x_2} & \cdots & \dfrac{\partial f_1}{\partial x_n} \\ \dfrac{\partial f_2}{\partial x_1} & \dfrac{\partial f_2}{\partial x_2} & \cdots & \dfrac{\partial f_2}{\partial x_n} \\ \vdots & \vdots & \ddots & \vdots \\ \dfrac{\partial f_n}{\partial x_1} & \dfrac{\partial f_n}{\partial x_2} & \cdots & \dfrac{\partial f_n}{\partial x_n} \end{vmatrix}$$

を,$(f_1, f_2, \cdots, f_n)$ の変数 $(x_1, x_2, \cdots, x_n)$ に関する **Jacobi(ヤコビ)行列式**または **Jacobian(ヤコビアン)** という.

(1) 平面の一次変換

$$F: \begin{array}{l} x = au + bv \\ y = cu + dv \end{array} \qquad (a, b, c, d\ \text{は定数},\ ad - bc \neq 0)$$

とする.

条件 $ad - bc \neq 0$ は u, v が x, y によって一意的に定まること,すなわち xy 平面の点と uv 平面の点は変換 F により1対1に対応することを意味する.F によって uv 平面の点 $P_1(0,0),\ P_2(h,0),\ P_3(h,k),\ P_4(0,k)(h>0,\ k>0)$ を頂点とする長方形 A は xy 平面の点 $Q_1(0,0),\ Q_2(ah, ch),\ Q_3(ah+bk, ch+dk),\ Q_4(bk, dk)$ を頂点とする平行四辺形 B にうつされる.このとき A の面積は hk,B の面積は $|ad-bc|hk$ である.

uv 平面の領域 Ω に対応する xy 平面の領域を D とし,Δ は u 軸,v 軸に

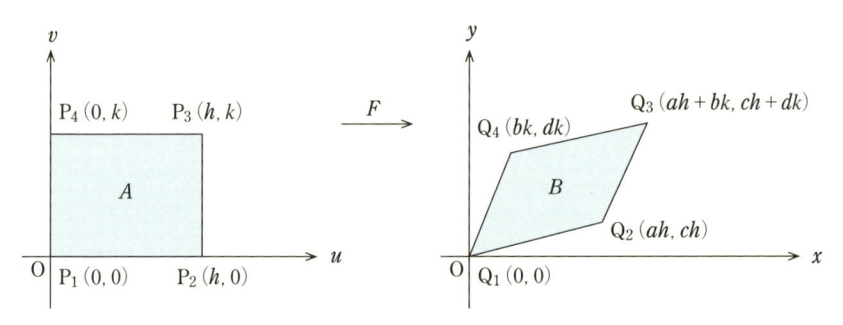

108　第5章　多変数関数の積分法

図 5.8

平行な直線群による Ω の分割とする．F によって，相交わる2直線に平行な直線群による D の分割 Δ' が得られる．

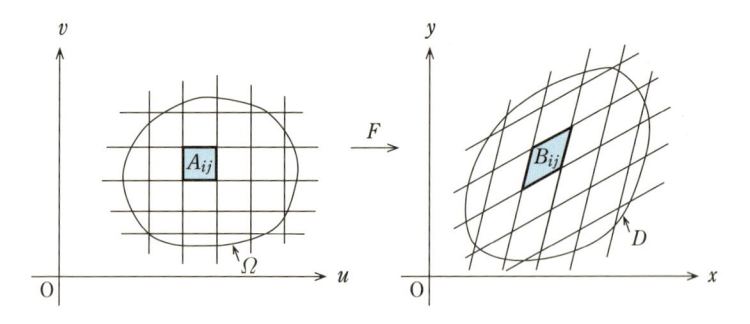

図 5.9

ここで，$|\Delta| \to 0$ のとき $|\Delta'| \to 0$ であり，$|\Delta'| \to 0$ のとき $|\Delta| \to 0$ である．A_{ij} は Ω に含まれる分割 Δ の小長方形とし，面積を $|A_{ij}|$ で表す．B_{ij} は A_{ij} に対応する平行四辺形で，その面積を $|B_{ij}|$ で表すと

$$\iint_D f(x,y)\,dxdy = \lim_{|\Delta'|\to 0}\sum f(x_{ij},y_{ij})|B_{ij}|$$

$$= \lim_{|\Delta|\to 0}\sum f(au_{ij}+bv_{ij}, cu_{ij}+dv_{ij})|ad-bc||A_{ij}|$$

$$= \iint_\Omega f(au+bv, cu+dv)|ad-bc|\,dudv$$

したがって
$$\iint_D f(x,y)\,dxdy = \iint_\Omega f(au+bv, cu+dv)|J|\,dudv$$
ここで
$$J(u,v) = \frac{\partial(x,y)}{\partial(u,v)} = \begin{vmatrix} a & b \\ c & d \end{vmatrix} = ad - bc$$
である．

(2) 一般の変換

$\varphi(u,v), \psi(u,v)$ を uv 平面の領域 Ω で定義された関数で，その偏導関数 $\varphi(u,v), \psi(u,v)$ がともに連続になっているものとする．このとき，uv 平面の領域 Ω から xy 平面への次の関数 F を考える．
$$F: \begin{array}{l} x = \varphi(u,v) \\ y = \psi(u,v) \end{array} \quad (u,v) \in \Omega$$
関数 F のヤコビアン (Jacobian) は次式で与えられる変数 u, v の関数である．
$$J(u,v) = \frac{\partial(x,y)}{\partial(u,v)} = \begin{vmatrix} \dfrac{\partial \varphi}{\partial u} & \dfrac{\partial \varphi}{\partial v} \\ \dfrac{\partial \psi}{\partial u} & \dfrac{\partial \psi}{\partial v} \end{vmatrix} = \varphi_u \psi_v - \varphi_v \psi_u$$
D を領域 Ω の関数 F による像とする．
$$D = F(\Omega) = \{(x,y) = (\varphi(u,v), \psi(u,v))|\ (u,v) \in \Omega\}$$
以下では，F は領域 Ω と 領域 D を $1:1$ に対応させ，Ω の各点 (u,v) で $J(u,v) \neq 0$ が成り立っているものと仮定する．次の定理が成り立つ．

定理 5.9　(2 次元の変数変換の公式)

関数 F は上の通りとする．Ω が面積確定な有界閉領域ならば $D = F(\Omega)$ も面積確定な有界閉領域になり，$f(x,y)$ が D 上の連続関数であれば，次の公式が成り立つ．
$$\iint_D f(x,y)\,dxdy = \iint_\Omega f(\varphi(u,v), \psi(u,v))|J(u,v)|\,dudv$$

110　第5章　多変数関数の積分法

1次変換の他によく用いられる変数変換としては極座標変換がある.

例 5.10 (**極座標変換**)　$x = r\cos\theta, y = r\sin\theta$ のとき $|J| = r$ であり

$$\iint_D f(x,y)\,dxdy = \iint_\Omega f(r\cos\theta, r\sin\theta)r\,drd\theta$$

特に, $0 \leqq \alpha < \beta \leqq 2\pi$, $\varphi_1(\theta)$, $\varphi_2(\theta)$ を $0 \leqq \varphi_1(\theta) \leqq \varphi_2(\theta)$ $(\alpha \leqq \theta \leqq \beta)$ を満たす連続関数とし, $D = \{(x,y)|x = r\cos\theta,\ y = r\sin\theta,\ \alpha \leqq \theta \leqq \beta, \varphi_1(\theta) \leqq r \leqq \varphi_2(\theta)\}$ とおくと,

$$\iint_D f(x,y)\,dxdy = \int_\alpha^\beta \left(\int_{\varphi_1(\theta)}^{\varphi_2(\theta)} f(r\cos\theta,\,r\sin\theta)r\,dr\right)d\theta$$

が成立する.

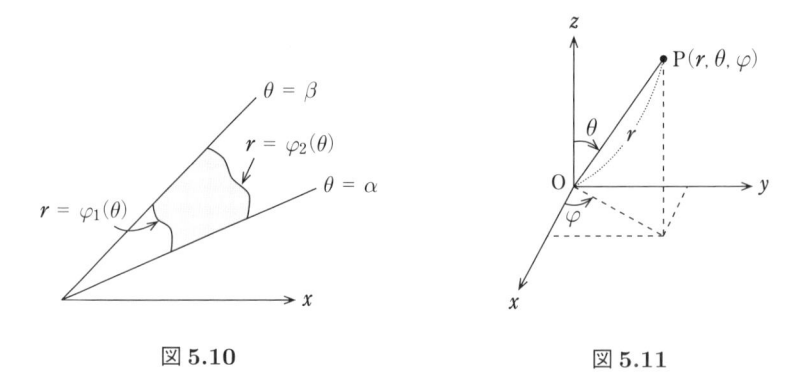

図 5.10

図 5.11

例 5.11 (**3次元の極座標変換**)　$x = r\sin\theta\cos\varphi, y = r\sin\theta\sin\varphi, z = r\cos\theta$ $(r > 0, 0 \leqq \theta \leqq \pi, 0 \leqq \varphi \leqq 2\pi)$ とおく. $|J| = r^2\sin\theta$ であり

$$\iiint_D f(x,y,z)\,dxdydz$$
$$= \iiint_\Omega f(r\sin\theta\cos\varphi,\,r\sin\theta\sin\varphi,\,r\cos\theta)r^2\sin\theta\,drd\theta d\varphi$$

が成立する.

§3 変数変換　*111*

> **例題 5.4** （変数変換）　次の重積分の値を求めよ．
> (1) $\iint_D x^2 y \, dxdy \qquad D : x^2 + y^2 \leq 4, \, y \geq 0$
> (2) $\iint_D (x^2 + y^2) \, dxdy \qquad D : |x+y| \leq 1, |x-y| \leq 1$

解　(1) 極座標変換 $x = r\cos\theta, y = r\sin\theta$ を利用する．$\Omega = \{(r,\theta) | 0 \leq r \leq 2, 0 \leq \theta \leq \pi\}$ とおくと，

$$\iint_D x^2 y \, dxdy = \iint_\Omega r^3 \cos^2\theta \sin\theta \cdot r \, drd\theta$$
$$= \int_0^2 r^4 \, dr \int_0^\pi \cos^2\theta \sin\theta \, d\theta$$
$$= \left[\frac{r^5}{5}\right]_0^2 \cdot \left[-\frac{\cos^3\theta}{3}\right]_0^\pi = \frac{32}{5} \cdot \frac{2}{3} = \frac{64}{15}$$

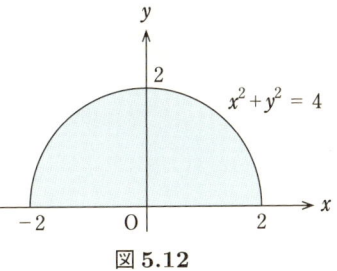

図 **5.12**

(2) 1次変換を利用する．$u = x+y, v = x-y$ とおくと，求める1次変換 F は $x = \frac{1}{2}u + \frac{1}{2}v, y = \frac{1}{2}u - \frac{1}{2}v$ である．$\Omega = \{(u,v) | |u| \leq 1, |v| \leq 1\}, |J| = \frac{1}{2}$ だから

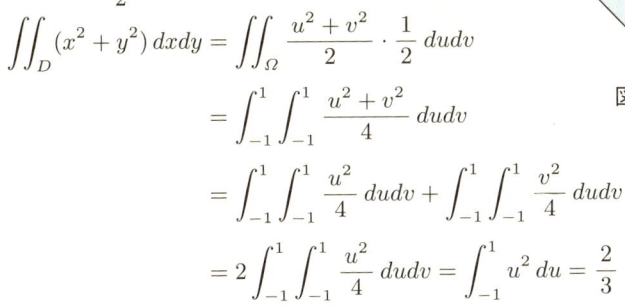

$$\iint_D (x^2 + y^2) \, dxdy = \iint_\Omega \frac{u^2 + v^2}{2} \cdot \frac{1}{2} \, dudv$$
$$= \int_{-1}^1 \int_{-1}^1 \frac{u^2 + v^2}{4} \, dudv$$
$$= \int_{-1}^1 \int_{-1}^1 \frac{u^2}{4} \, dudv + \int_{-1}^1 \int_{-1}^1 \frac{v^2}{4} \, dudv$$
$$= 2\int_{-1}^1 \int_{-1}^1 \frac{u^2}{4} \, dudv = \int_{-1}^1 u^2 \, du = \frac{2}{3}$$

図 **5.13**

練習 5.4　次の重積分の値を求めよ．
(1) $\iint_D (x + 2y) \, dxdy \qquad D : x^2 + y^2 \leq 1, \, x \geq 0, y \geq 0$
(2) $\iint_D \frac{2x-y}{1+x+2y} \, dxdy \qquad D : 0 \leq 2x-y \leq 1, \, 0 \leq x+2y \leq 2$

§4 広義の重積分

いままでは，有界集合上の有界関数に対して積分を定義した．1変数の積分の場合と同様に，積分領域が有界でない場合や関数が有界でない場合にも積分を定義することができる．このような場合の積分を広義の重積分とよぶ．

定義 5.12 平面上の集合 D に対して，次の二つの条件を満たす面積確定な有界閉領域の列 $\{D_n\}$ が存在するとき，$\{D_n\}$ を D の近似増加列とよぶ．

(i) $D_1 \subset D_2 \subset \cdots \subset D_n \subset D_{n+1} \subset \cdots \subset D, \quad \bigcup_{n=1}^{\infty} D_n = D$

(ii) D に含まれる任意の有界閉領域を F とするとき，$F \subset D_n$ なる番号 n が存在する．

関数 $f(x, y)$ は集合 D で定義された連続関数とする．D の近似増加列 $\{D_n\}$ をどのように選んでも，$n \to \infty$ のとき $\iint_{D_n} f(x, y)\, dxdy$ が $\{D_n\}$ に関係しない一定値 I に収束するとき，I を $\iint_D f(x, y)\, dxdy$ と表して，D における $f(x, y)$ の広義の重積分という．

D 上で一定の符号を取る関数 $f(x, y)$ の広義の積分を計算する場合に次の定理は強力である．

定理 5.13

$f(x, y)$ は集合 D で定義された連続関数で，$f(x, y) \geqq 0$ であるとする．D の一つの近似増加列 $\{D_n\}$ について

$$\lim_{n \to \infty} \iint_{D_n} f(x, y)\, dxdy = I \quad ならば \quad \iint_D f(x, y)\, dxdy = I$$

である．

証明 $\iint_{D_n} f(x, y)\, dxdy = I_n$ とおけば，仮定から $\lim_{n \to \infty} I_n = I$ である．D に収束する任意の有界閉領域の列 $\{D'_n\}$ をとり，$\iint_{D'_n} f(x, y)\, dxdy = I'_n$ とおく．$D'_n \subset D'_{n+1}$, $f(x, y) \geqq 0$ より $I'_n \leqq I'_{n+1}$．(ii) により任意の番号 n に対し，$D'_n \subset D_m$ となる m

が存在するから, $I'_n \leqq I_m$. 一方, $I_m \leqq I$ であるから, $I'_n \leqq I$. ゆえに $\{I'_n\}$ は上に有界な単調増加数列である. したがって, $\{I'_n\}$ は収束し, $\displaystyle\lim_{n\to\infty} I'_n = I' \leqq I$. $\{D_n\}$ と $\{D'_n\}$ を交換して同様に考えれば $I \leqq I'$. ゆえに $I = I'$ が成り立つ. ∎

例題 5.5 （広義の重積分） 次の広義の重積分の値を求めよ.
(1) $\iint_D \frac{1}{\sqrt{xy}}\,dxdy \qquad D: 0 < x \leqq 1,\ 0 < y \leqq 1$
(2) $\iint_D e^{-(x^2+y^2)}\,dxdy \qquad D: x \geqq 0,\ y \geqq 0$

解 (1) 領域列 $D_n = \{(x,y)|\,\frac{1}{n} \leqq x \leqq 1,\ \frac{1}{n} \leqq y \leqq 1\}$ は D の近似増加列である. よって, 定理 5.13 により

$$\iint_D \frac{1}{\sqrt{xy}}\,dxdy = \lim_{n\to\infty}\iint_{D_n}\frac{1}{\sqrt{xy}}\,dxdy = \lim_{n\to\infty}\int_{\frac{1}{n}}^1\frac{1}{\sqrt{x}}\,dx\int_{\frac{1}{n}}^1\frac{1}{\sqrt{y}}\,dy$$

$$= \lim_{n\to\infty}\left(2 - \frac{2}{\sqrt{n}}\right)^2 = 4$$

(2) 領域列 $D_n = \{(x,y)|\,x^2+y^2 \leqq n^2,\ x \geqq 0,\ y \geqq 0\}\ (n=1,2,\cdots)$ は D の近似増加列である. よって, 定理 5.13 により

$$\iint_D e^{-x^2-y^2}\,dxdy = \lim_{n\to\infty}\iint_{D_n}e^{-x^2-y^2}\,dxdy$$

となる. 極座標変換 $x = r\cos\theta,\ y = r\sin\theta$ を利用する. $\Omega_n = \{(r,\theta)|\,0 \leqq r \leqq n,\ 0 \leqq \theta \leqq \frac{\pi}{2}\}$ とおき, $r^2 = t$ と変数変換することにより

$$\iint_{D_n}e^{-x^2-y^2}\,dxdy = \iint_{\Omega_n}e^{-r^2}r\,drd\theta$$

$$= \int_0^{\frac{\pi}{2}}\left(\int_0^n re^{-r^2}\,dr\right)d\theta$$

$$= \frac{\pi}{2}\int_0^{n^2}\frac{1}{2}e^{-t}\,dt$$

$$= \frac{\pi}{4}(1 - e^{-n^2})$$

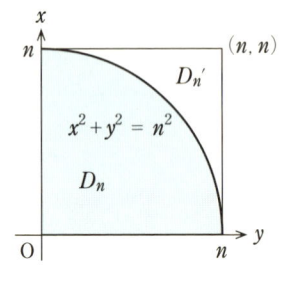

以上から,

図 5.14

$$\iint_D e^{-x^2-y^2}\,dxdy = \lim_{n\to\infty}\frac{\pi}{4}(1 - e^{-n^2}) = \frac{\pi}{4}$$

を得る.

注意 5.14 D の近似増加列として $D_n' = \{(x,y)|\,0 \leqq x, y \leqq n\}$ をとると,

$$\iint_D e^{-x^2-y^2}\,dxdy = \lim_{n\to\infty}\iint_{D_n'}e^{-x^2-y^2}\,dxdy = \lim_{n\to\infty}\left(\int_0^n e^{-x^2}\,dx\right)^2$$

$$= \left(\int_0^\infty e^{-x^2} dx \right)^2$$

以上から，ガウス積分の公式

$$\int_0^\infty e^{-x^2} dx = \frac{\sqrt{\pi}}{2}$$

が得られる．

練習 5.5 次の広義の重積分の値を求めよ．

(1) $\iint_D e^{-x-y} \, dxdy \qquad D: x \geqq 0, y \geqq 0$

(2) $\iint_D \log \dfrac{1}{x^2+y^2} \, dxdy \qquad D: 0 < x^2+y^2 \leqq 1$

§5 重積分の応用

立体の体積

xy 平面上の面積確定な有界閉領域 D で定義された連続関数

$$z = f_1(x,y), \quad z = f_2(x,y)$$

が D 上で $f_1(x,y) \leqq f_2(x,y)$ を満たすとき,3次元空間内の領域 V を

$$V = \{(x,y,z)|\, (x,y) \in D,\, f_1(x,y) \leqq z \leqq f_2(x,y)\}$$

とおき,その体積を $|V|$ で表すと,次の定理が成り立つ.

定理 5.15

$$|V| = \iint_D \{f_2(x,y) - f_1(x,y)\}\, dxdy$$

また,D が xy 平面の縦線領域として

$$D = \{(x,y)|\, a \leqq x \leqq b,\, h(x) \leqq y \leqq k(x)\}$$

と表されるときには,

$$|V| = \int_a^b \left(\int_{h(x)}^{k(x)} [f_2(x,y) - f_1(x,y)]\, dy \right) dx = \int_a^b S(x)\, dx$$

ここで,$S(x)$ は x 軸に垂直な平面による V の切り口の面積である.

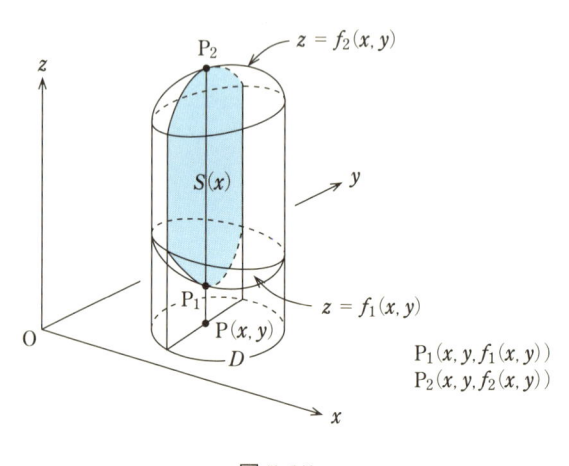

図 5.15

§5 重積分の応用　117

例題 5.6 （立体の体積）　次の立体の体積を求めよ.
(1)　$3x + 2y + z = 1$ と三つの座標平面で囲まれる立体.
(2)　$x^2 + y^2 \leqq z \leqq 2x + 4y + 4$ で表される立体.

解　(1) $f_1(x,y) = 0$, $f_2(x,y) = 1 - 3x - 2y$, $D = \{(x,y)| 0 \leqq x \leqq \dfrac{1}{3}, 0 \leqq y \leqq \dfrac{1}{2} - \dfrac{3}{2}x\}$ とおくと, 求める立体 V は $V = \{(x,y,z)|(x,y) \in D, f_1(x,y) \leqq z \leqq f_2(x,y)\}$ と表されるから, V の体積は

$$|V| = \iint_D (f_2(x,y) - f_1(x,y))\, dxdy$$
$$= \int_0^{\frac{1}{3}} \left(\int_0^{\frac{1}{2} - \frac{3}{2}x} (1 - 3x - 2y)\, dy \right) dx$$
$$= \int_0^{\frac{1}{3}} \left[y - 3xy - y^2 \right]_{y=0}^{y=\frac{1}{2} - \frac{3}{2}x} dx$$
$$= \int_0^{\frac{1}{3}} \left(\frac{1}{4} - \frac{3}{2}x + \frac{9}{4}x^2 \right) dx$$
$$= \left[\frac{x}{4} - \frac{3x^2}{4} + \frac{3x^3}{4} \right]_0^{\frac{1}{3}} = \frac{1}{36}$$

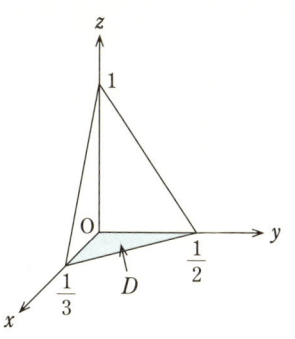

図 5.16

(2) $f_1(x,y) = x^2 + y^2$, $f_2(x,y) = 2x + 4y + 4$ とおく. D は $D = \{(x,y)| x^2 + y^2 \leqq 2x + 4y + 4\}$ となる. 求める立体は $V = \{(x,y,z)|(x,y) \in D, f_1(x,y) \leqq z \leqq f_2(x,y)\}$ と表される.

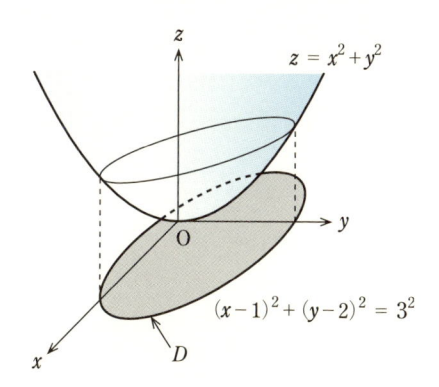

図 5.17

V の体積は
$$|V| = \iint_D (f_2(x,y) - f_1(x,y))\,dxdy$$
$$= \iint_D (2x + 4y + 4 - x^2 - y^2)\,dxdy$$

$D = \{(x,y)|(x-1)^2 + (y-2)^2 \leqq 3^2\}$ と表すことができるから, $(1,2)$ を中心とする極座標変換 $x - 1 = r\cos\theta$, $y - 2 = r\sin\theta$ により変数変換すれば, ヤコビアン $J = r$ となり

$$|V| = \iint_D (9 - (x-1)^2 - (y-2)^2)\,dxdy$$
$$= \int_0^{2\pi}\left(\int_0^3 (9-r^2)r\,dr\right)d\theta = 2\pi\int_0^3 (9r - r^3)\,dr$$
$$= 2\pi\left[\frac{9r^2}{2} - \frac{r^4}{4}\right]_0^3 = \frac{81\pi}{2}$$

練習 5.6 次の立体の体積を求めよ.
(1) $\dfrac{x}{2} - y - z = 1$ と三つの座標平面で囲まれる立体
(2) $x^2 + y^2 \leqq a^2$, $0 \leqq z \leqq x - y$ で表される立体

章末問題 5

1. 次の累次積分の順序を交換せよ．

(1) $\displaystyle\int_0^{\frac{\pi}{4}} \left(\int_x^{\tan x} f(x,y)\,dy \right) dx$
(2) $\displaystyle\int_{-2}^1 \left(\int_{y^2}^{2-y} f(x,y)\,dx \right) dy$

2. 次の積分の値を求めよ．

(1) $\displaystyle\int_0^{\frac{\pi}{4}} \int_0^{\frac{\pi}{2}} \sin(2x+y)\,dxdy$
(2) $\displaystyle\int_1^2 \left(\int_0^{\frac{1}{x}} \frac{2xy}{1+xy^2}\,dy \right) dx$

(3) $\displaystyle\iint_D \sin\left(\frac{\pi}{2}\cdot\frac{y}{x}\right) dxdy \quad D: \frac{1}{2} \leqq x \leqq 1,\ x^2 \leqq y \leqq x$

(4) $\displaystyle\iint_D (x+y)^2 e^{x-y}\,dxdy \quad D: 0 \leqq x+y \leqq 2, 0 \leqq x-y \leqq 2$

(5) $\displaystyle\iint_D e^{x^2+y^2}\,dxdy \quad D: x^2+y^2 \leqq 1$

(6) $\displaystyle\iiint_D (x^2+y^2)\,dxdydz \quad D: x^2+y^2+z^2 \leqq a^2,\ z \geqq 0\ (a>0)$

(7) $\displaystyle\iint_D \frac{x}{(x+y)^2}\,dxdy \quad D: 0<x\leqq 1, 0<y\leqq 1$

(8) $\displaystyle\iint_D x^2 e^{-(x^2+y^2)}\,dxdy \quad D: x\geqq 0, y\geqq 0$

3. 次の領域の面積を求めよ．ただし $a>0$ とする．

(1) $y \geqq \dfrac{1}{2}x^2,\ x^2+4y^2 \leqq 2$ で表される領域

(2) 連珠形 (レムニスケート) $(x^2+y^2)^2 = a^2(x^2-y^2)$ が囲む領域

4. 次の立体の体積を，重積分を利用して求めよ．ただし $a>b>0$ とする．

(1) $x^2+y^2=a^2,\ x+z=a,\ z=0$ で囲まれる部分

(2) 球 $x^2+y^2+z^2 \leqq a^2$ の円柱 $x^2+y^2 \leqq b^2$ に含まれる部分

(3) $x^2+y^2 \leqq z \leqq x+y$ で定まる立体

練習問題，章末問題の解答

第 1 章

■ 練習の解答

p.10　**練習 1-1**　(1) $-\dfrac{1}{2}$　(2) $\dfrac{1}{2}$

p.10　**練習 1-2**　(1) $\dfrac{\pi}{3}$　(2) $\dfrac{\pi}{3}$　(3) $\dfrac{\pi}{6}$

p.14　**練習 1-3**　(1) 章末問題 1-2 の因数分解を用いる．
$$\lim_{h \to 0} \frac{(x+h)^n - x^n}{h} = \lim_{h \to 0} \{(x+h)^{n-1} + (x+h)^{n-2}x + \cdots + x^{n-1}\}$$
$$= nx^{n-1}$$

(2) $\displaystyle \lim_{h \to 0} \frac{\sin(x+h) - \sin x}{h} = \lim_{h \to 0} \cos\left(\frac{2x+h}{2}\right) \sin\left(\frac{h}{2}\right) \bigg/ \frac{h}{2} = \cos x$

ここで，章末問題 1-6 を用いた．同様に $\cos x$ も微分可能で，$(\cos x)' = -\sin x$ を確認できる．

(3) 命題 1.28, (3) を用いる．
$$\lim_{h \to 0} \frac{e^{x+h} - e^x}{h} = \lim_{h \to 0} e^x \left(\frac{e^h - 1}{h}\right) = e^x$$

(4) 命題 1.28, (1) を用いる．
$$\lim_{h \to 0} \frac{\log(x+h) - \log x}{h} = \lim_{h \to 0} \frac{1}{x} \log\left(1 + \frac{h}{x}\right)^{\frac{x}{h}} = \frac{1}{x}$$

p.14　**練習 1-4**　(1) $-\dfrac{e^{\frac{1}{x}}}{x^2}$，　(2) $\dfrac{2x-1}{2\sqrt{x^2 - x + 1}}$，　(3) $\dfrac{3}{\sqrt{12x - 9x^2}}$

p.16　**練習 1-5**　(1) $f(x) = e^x$, $f'(x) = e^x$, $f''(x) = e^x, \cdots, f^{(n)}(x) = e^x$

(2) $f(x) = \log(1+x)$, $f'(x) = \dfrac{1}{1+x}$, $f''(x) = -\dfrac{1}{(1+x)^2}$, $f'''(x) = \dfrac{2}{(1+x)^3}$

より $f^{(n)}(x) = \dfrac{(-1)^{n-1}(n-1)!}{(1+x)^n}$ と推定する．$n = k$ のときこれが正しいとする．

$n = k+1$ のとき，$f^{(k+1)}(x) = \left(f^{(k)}(x)\right)' = \left(\dfrac{(-1)^{k-1}(k-1)!}{(1+x)^k}\right)' = \dfrac{(-1)^k k!}{(1+x)^{k+1}}$

より結論を得る (数学的帰納法)．

(3) $f(x) = \sin x$, $f'(x) = \cos x = \sin\left(x + \dfrac{\pi}{2}\right)$, $f''(x) = -\sin x = \sin(x+\pi)$, $f'''(x) = -\cos x = \sin\left(x + \dfrac{\pi}{2}3\right)$ より $(\sin x)^{(n)} = \sin\left(x + \dfrac{\pi}{2}n\right)$ と推定する. $n = k$ のときこれが正しいとする. $n = k+1$ のとき, $(\sin x)^{(k+1)} = \left((\sin x)^{(k)}\right)' = \left(\sin\left(x + \dfrac{\pi}{2}k\right)\right)' = \cos\left(x + \dfrac{\pi}{2}k\right) = \sin\left(x + \dfrac{\pi}{2}(k+1)\right)$ より結論を得る.

(4) $(\cos x)^{(n)} = \left(\sin\left(x + \dfrac{\pi}{2}\right)\right)^{(n)} = \sin\left(x + \dfrac{\pi}{2}(n+1)\right) = \cos\left(x + \dfrac{\pi}{2}n\right)$

p.21 ■ 章末問題 1 の解答

1. 不等式 $||a| - |b||^2 \leqq |a+b|^2 \leqq (|a|+|b|)^2$ を示せばよい.

2. (2) $a, b > 0$ ならば $a^{\frac{1}{n}} > 0$, $b^{\frac{1}{n}} > 0$ に注意して, a として $a^{\frac{1}{n}}$, b として $b^{\frac{1}{n}}$ を (1) 式に代入すればよい.

3. (1) 1   (2) 0   (3) 1 $\left(1 - \dfrac{1}{n^2}\right)^n = \left(1 + \dfrac{1}{n}\right)^n \left(\left(1 - \dfrac{1}{n}\right)^{-n}\right)^{-1}$ として, 命題 1.28, (1) を用いる.

4. $a_n = \sqrt[n]{n}$ とおけば, 例題 1.1, (2) より $\lim\limits_{n \to +\infty} \log a_n = \lim\limits_{n \to +\infty} \dfrac{\log n}{n} = 0$ を得る. したがって $\lim\limits_{n \to +\infty} a_n = \lim\limits_{n \to +\infty} e^{\log a_n} = 1$

5. 中心が原点 O であり, 半径 1 の円と x 軸の交点を P, P からの偏角が x $\left(0 < x < \dfrac{\pi}{2}\right)$ である円周上の点を Q とし, 線分 $\overline{OQ}$ の延長線上の点 R を $\angle OPR = \dfrac{\pi}{2}$ となるようにとる. 三角形 OPQ, 扇形 OPQ および直角三角形 OPR の面積の比較して

$$\frac{1}{2}\sin x < \frac{x}{2} < \frac{1}{2}\tan x$$

を得る. $\sin x > 0$ より

$$\cos x < \frac{\sin x}{x} < 1$$

が成り立つが, $x \neq 0$ のとき $\cos x$, $\dfrac{\sin x}{x}$ はともに偶関数だから上の不等式は $0 < |x| < \dfrac{\pi}{2}$ に対して成立する.

6. 前問 5 の不等式から, $0 < |x| < \dfrac{\pi}{2}$ のとき不等式

$$0 < 1 - \frac{\sin x}{x} < 1 - \cos x$$

が成り立ち，$x \to 0$ として結論を得る．

7. $x > 0$ としてよい．ガウス記号に関する不等式 $\left[\dfrac{x}{b}\right] \leqq \dfrac{x}{b} < \left[\dfrac{x}{b}\right] + 1$ に $\dfrac{a}{x} > 0$ をかけて
$$0 \leqq \dfrac{a}{b} - \dfrac{a}{x}\left[\dfrac{x}{b}\right] < \dfrac{a}{x}$$
を得る．したがって
$$\lim_{x \to +\infty} \dfrac{a}{x}\left[\dfrac{x}{b}\right] = \lim_{x \to +\infty}\left\{\dfrac{a}{b} + \left(\dfrac{a}{x}\left[\dfrac{x}{b}\right] - \dfrac{a}{b}\right)\right\} = \dfrac{a}{b} + \lim_{x \to +\infty}\left(\dfrac{a}{x}\left[\dfrac{x}{b}\right] - \dfrac{a}{b}\right) = \dfrac{a}{b}$$

8. $x = a$ に収束する任意の数列 $\{x_n\}$ に対して
$$\lim_{n \to +\infty} |x_n + a| = 2|a|, \quad \lim_{n \to +\infty} |x_n - a| = 0$$
である．定理 1.2 より
$$\lim_{n \to +\infty} |x_n^2 - a^2| = \lim_{n \to +\infty} |x_n + a||x_n - a| = \lim_{n \to +\infty} |x_n + a| \lim_{n \to +\infty} |x_n - a| = 0$$
が成り立つから，$f(x) = x^2$ は $x = a$ で連続である．

9. $h > 0$ のとき
$$\lim_{h \to 0} \dfrac{f(h) - f(0)}{h} = \lim_{h \to 0} \dfrac{h^{\frac{2}{3}}}{h} = +\infty$$
であるから，$x = 0$ で微分可能でない．

10. $\displaystyle\lim_{n \to +\infty} n\left\{\left(\dfrac{n+1}{n}\right)^p - 1\right\} = \lim_{n \to +\infty} \dfrac{\left(1 + \frac{1}{n}\right)^p - 1}{\frac{1}{n}} = p$

11. (1) $f(x) = \log x$ に定理 1.42 を用いると
$$\left(\dfrac{1}{k+1} <\right) \log(k+1) - \log k = \dfrac{1}{c_k} < \dfrac{1}{k}$$
を満たす $k < c_k < k+1$ が存在する．
(2) (1) の不等式の和をとればよい．

12. $(x^2 \cos x)^{(3)} = -6\sin x - 6x\cos x + x^2 \sin x$

13. $f(x) = \sqrt{x}$ として，$f'(x) = \dfrac{1}{2\sqrt{x}}$，$f''(x) = -\dfrac{1}{4x\sqrt{x}}$，$f'''(x) = \dfrac{3}{8x^2\sqrt{x}}$ だから，$\sqrt{x} = 1 + \dfrac{1}{2}(x-1) - \dfrac{1}{8}(x-1)^2 + R_3$, $R_3 = \dfrac{(x-1)^3}{16(1+\theta_1(x-1))^{\frac{5}{2}}}$ $(0 < \theta_1 < 1)$

14. $f(x) = (1+x)\log(1+x)$ として，$f'(x) = \log(1+x) + 1$，$f''(x) = \dfrac{1}{1+x}$，$f'''(x) = -\dfrac{1}{(1+x)^2}$，$f^{(4)}(x) = \dfrac{2}{(1+x)^3}$，$f^{(5)}(x) = -\dfrac{6}{(1+x)^4}$ より，$(1+x)\log(1+x) = x + \dfrac{x^2}{2} - \dfrac{x^3}{6} + \dfrac{x^4}{12} - \dfrac{x^5}{20(1+\theta_2 x)^4}$ $(0 < \theta_2 < 1)$

第 2 章

■ 練習の解答

p.38　**練習 2-3**
$$\int \frac{2x^2 - 6}{(x-1)^2(x+1)} \, dx = -2 \int \frac{dx}{(x-1)^2} + 3 \int \frac{dx}{x-1} - \int \frac{dx}{x+1}$$
$$= \frac{2}{x-1} + 3\log|x-1| - \log|x+1| + C$$

p.40　**練習 2-4**　$\displaystyle\int \frac{dx}{1+\sin x} = \int \frac{2\,dt}{t^2+2t+1} = -\frac{2}{t+1} + C = -\frac{2}{\tan\frac{x}{2}+1} + C$

p.41　**練習 2-5**　例題 2.5 と同じ置換 $t = x + \sqrt{x^2+x+1}$ を用いる．
$$\int \frac{dx}{x\sqrt{x^2+x+1}} = \int \frac{1}{\frac{t^2-1}{2t+1}} \frac{2}{2t+1}\,dt = \int \frac{2\,dt}{t^2-1}$$
$$= \int \left(\frac{1}{t-1} - \frac{1}{t+1} \right) dt = \log\left|\frac{t-1}{t+1}\right| + C$$
$$= \log\left|\frac{x+\sqrt{x^2+x+1}-1}{x+\sqrt{x^2+x+1}+1}\right| + C$$

p.46　**練習 2-6**　$\displaystyle\int \frac{dx}{x(1+x^2)} = \int \left(\frac{1}{x} - \frac{x}{1+x^2}\right) dx = \log \frac{|x|}{\sqrt{1+x^2}} + C$
であるから，
$$\int_1^\infty \frac{dx}{x(1+x^2)} = \lim_{R\to\infty} \left[\log \frac{|x|}{\sqrt{1+x^2}}\right]_1^R = \log\sqrt{2}$$

p.49　**練習 2-7**　$L = \displaystyle\int_0^\pi \sqrt{r^2 + r'^2}\,d\theta = \int_0^\pi \sqrt{a^2\sin^2\theta + a^2\cos^2\theta}\,d\theta = \pi a$　（これは $x^2 + y^2 = ay$ と表される半径 $\dfrac{a}{2}$ の円周である）

p.52　**練習 2-8**　(1)　$y(x) = \tan\left(\dfrac{1}{3}x^3 + C\right)$　　(2)　$y(x) = x\tan(\log|x| + C)$

p.55　**練習 2-9**　(1)　$y(x) = \dfrac{x^2}{3} + \dfrac{C}{x}$　　(2)　$y(x) = \dfrac{1}{x}(\sin x - x\cos x + C)$

p.56　章末問題 2 の解答

1. (1) $\sin^{-1} x$ を $1 \cdot \sin^{-1} x$ とみて，部分積分の公式を適用すればよい，その際 $(\sin^{-1} x)' = \dfrac{1}{\sqrt{1-x^2}}$ を用いる．

(2) $\tan^{-1} x$ を $1 \cdot \tan^{-1} x$ とみて，部分積分の公式を適用すればよい，その際 $(\tan^{-1} x)' = \dfrac{1}{x^2+1}$ を用いる．

3. (1) 練習 2-2 の結果を使って次のように計算できる (例 2.9 の記号を用いる).

$$I_3 = \frac{1}{2}\left(\frac{x}{4(x^2+2)^2} + \frac{3}{4}I_2\right) = \frac{x}{8(x^2+2)^2} + \frac{3}{32} \cdot \frac{x}{x^2+2} + \frac{3}{32\sqrt{2}}\tan^{-1}\frac{x}{\sqrt{2}} + C$$

(2) 与式 $= \displaystyle\int \frac{x+1}{(x^2+1)^2}\,dx = \int \frac{x}{(x^2+1)^2}\,dx + \int \frac{1}{(x^2+1)^2}\,dx$ であり，第 2 項は例 2.9 を用いて練習 2-2 と同様に求めることができる．第 1 項は変数変換 $x^2 + 1 = t$ により $2x\,dx = dt$ であるから，次のように計算できる．

$$\int \frac{x}{(x^2+1)^2}\,dx = \frac{1}{2}\int \frac{1}{t^2}\,dt = -\frac{1}{2t} = -\frac{1}{2(x^2+1)}$$

したがって，

$$与式 = -\frac{1}{2(x^2+1)} + \frac{x}{2(x^2+1)} + \frac{1}{2}\tan^{-1} x + C$$

4. (1) 命題 2.10 を用い，$t = \tan\dfrac{x}{2}$ と変換する．

$$\int \frac{1}{\sin x + \cos x + 1}\,dx = \int \frac{1}{\frac{2t}{1+t^2} + \frac{1-t^2}{1+t^2} + 1} \cdot \frac{2\,dt}{1+t^2}$$

$$= \int \frac{1}{t+1}\,dt = \log|t+1| + C = \log\left|\tan\frac{x}{2} + 1\right| + C$$

(2) 命題 2.11 を用い，$\sqrt{x+1} = t$ と変換する．このとき $x+1 = t^2$, $dx = 2t\,dt$ となるので，次のように計算できる．

$$\int \frac{x}{\sqrt{x+1}+1}\,dx = \int \frac{t^2-1}{t+1}\,2t\,dt = 2\int t(t-1)\,dt$$

$$= \frac{2}{3}t^3 - t^2 + C' = \frac{2}{3}(\sqrt{x+1})^3 - (\sqrt{x+1})^2 + C'$$

$$= \frac{2}{3}(\sqrt{x+1})^3 - x + C$$

5. (1) $\displaystyle\int_0^\infty \frac{2x}{(x^2+1)^2}\,dx = \lim_{R\to\infty}\left[-\frac{1}{x^2+1}\right]_0^R = 1$

(2) $\displaystyle\int_1^\infty \frac{1}{x^3}\,dx = \lim_{R\to\infty}\left[-\frac{1}{2x^2}\right]_1^R = \frac{1}{2}$

第 3 章

■ **練習の解答**

p.60　**練習 3-1**　(1) 発散する　　(2) 収束して和は 1

p.61　**練習 3-2**　$\alpha > 1$ のとき. $y = \dfrac{1}{x^\alpha}$ は $x > 0$ のとき, 単調に減少するから, すべての $n = 1, 2, 3, \cdots$ について, $x \leqq n$ ならば

$$\frac{1}{x^\alpha} \geqq \frac{1}{n^\alpha}$$

となる. これを x について, $n-1$ から n まで積分すると,

$$\int_{n-1}^{n} \frac{1}{x^\alpha}\,dx \geqq \frac{1}{n^\alpha}$$

となる. この不等式を n について 2 から N まで加えると,

$$\int_{1}^{N} \frac{1}{x^\alpha}\,dx \geqq \sum_{n=2}^{N} \frac{1}{n^\alpha}$$

が得られる. $\alpha > 1$ だから,

$$\int_{1}^{N} \frac{1}{x^\alpha}\,dx = \frac{1}{\alpha-1} - \frac{1}{(\alpha-1)N^{\alpha-1}} \to \frac{1}{\alpha-1} \quad (N \to \infty)$$

となる. したがって, $\displaystyle\sum_{n=2}^{\infty} \frac{1}{n^\alpha}$ の部分和の数列である $\displaystyle\sum_{n=2}^{N} \frac{1}{n^\alpha}$ は, 上に有界な単調増加数列だから, 収束する. したがって, 注意 3.1 により, $\displaystyle\sum_{n=1}^{\infty} \frac{1}{n^\alpha}$ は収束する.

$\alpha = 1$ のとき. 例題 3.2 により, 発散する.

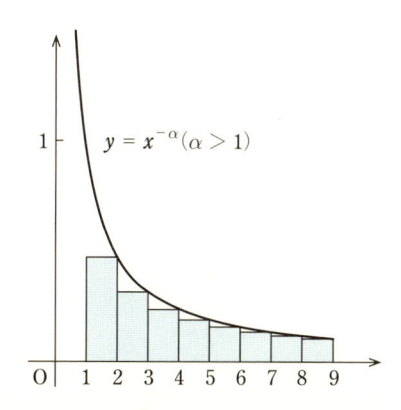

$\alpha \leqq 0$ のとき, $\displaystyle\lim_{n\to\infty}\dfrac{1}{n^\alpha}$ は 0 でないので, 注意 3.4 により, $\displaystyle\sum_{n=1}^{\infty}\dfrac{1}{n^\alpha}$ は発散する.

$0 < \alpha < 1$ のとき, $\dfrac{1}{x^\alpha}$ は $x > 0$ のとき単調に減少するから, すべての $n = 1, 2, 3, \cdots$ について, $n \leqq x$ なら

$$\dfrac{1}{n^\alpha} \geqq \dfrac{1}{x^\alpha}$$

となる. したがって, これを x について n から $n+1$ まで積分して,

$$\dfrac{1}{n^\alpha} \geqq \int_n^{n+1} \dfrac{1}{x^\alpha}\,dx$$

が得られる. これを n について 1 から N まで加えると,

$$\sum_{n=1}^{N}\dfrac{1}{n^\alpha} \geqq \int_1^{N+1}\dfrac{1}{x^\alpha}\,dx = \dfrac{1}{1-\alpha}((N+1)^{1-\alpha}-1)$$

となる. したがって,

$$\lim_{N\to\infty}\int_1^{N+1}\dfrac{1}{x^\alpha}\,dx = \infty$$

だから

$$\lim_{N\to\infty}\sum_{n=1}^{N}\dfrac{1}{n^\alpha} = \infty$$

となって, 結局, $\displaystyle\sum_{n=1}^{\infty}\dfrac{1}{n^\alpha}$ は発散する.

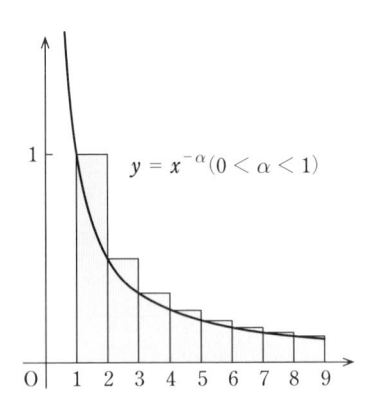

p.64 練習 **3-3** (1) 収束する (2) 発散する

p.69　練習 3-4　$a_n = (-1)^{n-1}\dfrac{1}{n}$ と表されるので，$\displaystyle\lim_{n\to\infty}\left|\dfrac{a_{n+1}}{a_n}\right| = \lim_{n\to\infty}\left|\dfrac{n}{n+1}\right| = 1$ となり，定理 3.10 より収束半径は 1 である．

p.70　練習 3-5　$-\log(1-x) = x + \dfrac{x^2}{2} + \dfrac{x^3}{3} + \cdots \quad (|x|<1)$

p.71　練習 3-6　$a_n = n+1$ だから，
$$\left|\dfrac{a_{n+1}}{a_n}\right| = \left|\dfrac{n+2}{n+1}\right| \to 1 \ (n\to\infty)$$
となり，収束半径は 1 である．$f(x) = 1 + 2x + 3x^2 + 4x^3 + \cdots + (n+1)x^n + \cdots$ を項別に積分すると，
$$\int_0^x f(t)\,dt = x + x^2 + x^3 + \cdots + x^n + \cdots = \dfrac{x}{1-x}$$
したがって，$f(x) = \dfrac{d}{dx}\left(\dfrac{x}{1-x}\right) = \dfrac{1}{(1-x)^2}$ と表される．

p.72　■ 章末問題 3 の解答

1. 定理 3.8 の証明と同じようにして示すことができる．

2. (1) $a_n = \dfrac{1}{(\log n)^n}$ とおくと，$a_n^{\frac{1}{n}} = \dfrac{1}{\log n} \to 0 < 1$ となり，Cauchy の判定法により，収束する．

(2) $a_n = n^{-\frac{n}{3}}$ とおくと，$a_n^{\frac{1}{n}} = n^{-\frac{1}{3}} \to 0 < 1$ となり，Cauchy の判定法により，収束する．

3. (1) $S_{2n} - S_{2(n-1)} = a_{2n-1} - a_{2n} \geqq 0$ より，$\{S_{2n}\}$ は単調増加数列である．また，$S_{2n} = a_1 - (a_2 - a_3) - \cdots - (a_{2n-2} - a_{2n-1}) - a_{2n} < a_1$ だから，$\{S_{2n}\}$ は上に有界である．

(2) (1) より，$\{S_{2n}\}$ は収束するので，$\displaystyle\lim_{n\to\infty} S_{2n} = S$ とおくと，$\displaystyle\lim_{n\to\infty} S_{2n+1} = \lim_{n\to\infty}(S_{2n} + a_{2n+1}) = S$ となり，$\{S_{2n+1}\}$ も同じ S に収束する．したがって，$\displaystyle\lim_{n\to\infty} S_n = S$ となり，$\displaystyle\sum_{n=1}^{\infty}(-1)^{n-1}a_n$ は収束する．

4. (1) $\displaystyle\sum_{n=1}^{\infty}(-1)^{n-1}\dfrac{1}{n}$ は交項級数であり，$a_n = \dfrac{1}{n}$ とおくと，$\dfrac{1}{n} > \dfrac{1}{n+1}$ だから，前問 3 の条件 (A) を満たす．また，$\displaystyle\lim_{n\to\infty}\dfrac{1}{n} = 0$ だから，前問 3 の条件 (B) も満たすので，交項級数 $\displaystyle\sum_{n=1}^{\infty}(-1)^{n-1}\dfrac{1}{n}$ は収束する．

(2) $\displaystyle\sum_{n=1}^{\infty}(-1)^{n-1}\dfrac{1}{\sqrt{n}}$ は交項級数であり，$a_n = \dfrac{1}{\sqrt{n}}$ とおくと，$\dfrac{1}{\sqrt{n}} > \dfrac{1}{\sqrt{n+1}}$ だ

から，前問 3 の条件 (A) を満たす．また，$\lim_{n\to\infty}\dfrac{1}{\sqrt{n}}=0$ だから，前問 3 の条件 (B) も満たすので，交項級数 $\displaystyle\sum_{n=1}^{\infty}(-1)^{n-1}\dfrac{1}{\sqrt{n}}$ は収束する．

第 4 章

■ 練習の解答

p.77　**練習 4-1**　(1) $z_x = 2e^{2x}\sin 3y,\ z_y = 3e^{2x}\cos 3y$
(2) $(x,y) \neq (0,0)$ のとき，$z_x = \dfrac{x}{\sqrt{x^2+y^2}},\ z_y = \dfrac{y}{\sqrt{x^2+y^2}}$　　$(x,y)=(0,0)$ のとき z_x, z_y は存在しない．

p.81　**練習 4-2**　(1) $df = 2x\cos(x^2-y^2)\,dx - 2y\cos(x^2-y^2)\,dy$
(2) $df = \dfrac{y}{1+x^2y^2}\,dx + \dfrac{x}{1+x^2y^2}\,dy$

p.85　**練習 4-3**　$\dfrac{\partial z}{\partial r} = \dfrac{\partial f}{\partial x}\dfrac{\partial x}{\partial r} + \dfrac{\partial f}{\partial y}\dfrac{\partial y}{\partial r} = \dfrac{\partial f}{\partial x}\cdot\cos\theta + \dfrac{\partial f}{\partial y}\cdot\sin\theta$,
$\dfrac{\partial^2 z}{\partial r^2} = \dfrac{\partial^2 f}{\partial x^2}\cos^2\theta + 2\dfrac{\partial^2 f}{\partial x \partial y}\cos\theta\sin\theta + \dfrac{\partial^2 f}{\partial y^2}\sin^2\theta$

p.89　**練習 4-4**
$$f(x,y) = f(1,0) + \dfrac{1}{1!}\{(x-1)f_x(1+\theta(x-1),\theta y) + y f_y(1+\theta(x-1),\theta y)\}$$
$$= (x-1)e^{1+\theta(x-1)}\log(\theta y+1) + ye^{1+\theta(x-1)}\dfrac{1}{\theta y+1}\quad (0<\theta<1)$$

p.93　**練習 4-5**　$(x,y)=(2,0)$ で極小値 -4

p.96　■ **章末問題 4 の解答**

1.　(1) $f_x = 3x^2 + 2xy,\ f_y = x^2 - 2y$
(2) $f_x = 2\cos(2x-y),\ f_y = -\cos(2x-y)$
(3) $f_x = \dfrac{y}{\sqrt{1-x^2y^2}},\ f_y = \dfrac{x}{\sqrt{1-x^2y^2}}$

2.　(1) $dz = 2xy\,dx + (x^2+3y^2)\,dy$　　(2) $dz = \dfrac{3x^2}{x^3+y^2}\,dx + \dfrac{2y}{x^3+y^2}\,dy$

3.　(1) $f_{xx} = 6x - 2y^3,\ f_{xy} = -6xy^2,\ f_{yy} = -6x^2 y$
(2) $f_{xx} = \dfrac{2}{(x-2y)^3},\ f_{xy} = -\dfrac{4}{(x-2y)^3},\ f_{yy} = \dfrac{8}{(x-2y)^3}$

4.　(1) $f_x(0,0) = 0,\ f_y(0,0) = 0$　　(2) $f_x(0,y) = -y,\ f_y(x,0) = x$
(3) (1) と (2) の答えより，任意の x, y に対して $f_x(0,y) = -y,\ f_y(x,0) = x$ となる．これを偏微分すればよい．

5. $f_u = \dfrac{2x}{x^2+y^2}\cdot 2u + \dfrac{2y}{x^2+y^2}\cdot 2u = \dfrac{4u^3}{u^4+v^4}$,

$f_v = \dfrac{2x}{x^2+y^2}\cdot 2v + \dfrac{2y}{x^2+y^2}\cdot(-2v) = \dfrac{4v^3}{u^4+v^4}$

6. $f_x = -2\sin(2x+y)$, $f_y = -\sin(2x+y)$, $f_{xx} = -4\cos(2x+y)$,
$f_{xy} = -2\cos(2x+y)$, $f_{yy} = -\cos(2x+y)$, $f_{xxx} = 8\sin(2x+y)$,
$f_{xxy} = 4\sin(2x+y)$, $f_{xyy} = 2\sin(2x+y)$, $f_{yyy} = \sin(2x+y)$ だから,
$f_x(0,0) = 0$, $f_y(0,0) = 0$, $f_{xx}(0,0) = -4$, $f_{xy}(0,0) = -2$, $f_{yy}(0,0) = -1$,
$f_{xxx}(\theta x, \theta y) = 8\sin(2\theta x + \theta y)$, $f_{xxy}(\theta x, \theta y) = 4\sin(2\theta x + \theta y)$,
$f_{xyy}(\theta x, \theta y) = 2\sin(2\theta x + \theta y)$, $f_{yyy}(\theta x, \theta y) = \sin(2\theta x + \theta y)$

を代入して

$$f(x,y) = f(0,0) + \dfrac{1}{1!}(f_x(0,0)x + f_y(0,0)y)$$
$$+ \dfrac{1}{2!}(f_{xx}(0,0)x^2 + 2f_{xy}(0,0)xy + f_{yy}(0,0)y^2) + R_3$$
$$= 1 + \dfrac{1}{2!}(-4x^2 - 4xy - y^2) + R_3$$

ただし
$R_3 = \dfrac{1}{3!}(f_{xxx}(\theta x, \theta y)x^3 + 3f_{xxy}(\theta x, \theta y)x^2 y + 3f_{xyy}(\theta x, \theta y)xy^2 + f_{yyy}(\theta x, \theta y)y^3)$
$= \dfrac{1}{3!}(8\sin(2\theta x + \theta y)x^3 + 12\sin(2\theta x + \theta y)x^2 y$
$+ 6\sin(2\theta x + \theta y)xy^2 + \sin(2\theta x + \theta y)y^3)$

7. (1) 極値なし　　(2) $(0,0)$ で極大値 0

第 5 章

練習の解答

p.100　練習 **5-1**　(1) $\dfrac{1}{4}$　　(2) $\dfrac{\pi}{2} - 1$

p.104　練習 **5-2**　(1) $\dfrac{9}{128}$　　(2) $\dfrac{1}{6}$

p.106　練習 **5-3**　(1) $\displaystyle\int_0^1 \left(\int_0^{\cos^{-1} y} f(x,y)\,dx\right) dy$

(2) $\displaystyle\int_0^1 \left(\int_{-2\sqrt{1-x^2}}^{2\sqrt{1-x^2}} f(x,y)\,dy\right) dx$

p.111　練習 **5-4**　(1) 1　　(2) $\dfrac{\log 3}{10}$

p.115　練習 **5-5**　(1) 1　　(2) π

p.118　練習 **5-6**　(1) $\dfrac{1}{3}$　　(2) $\dfrac{2\sqrt{2}a^3}{3}$

p.119　■ 章末問題 5 の解答

1. (1) 与式 $= \displaystyle\int_0^{\frac{\pi}{4}} \left(\int_{\tan^{-1} y}^{y} f(x,y)\,dx\right) dy + \int_{\frac{\pi}{4}}^{1} \left(\int_{\tan^{-1} y}^{\frac{\pi}{4}} f(x,y)\,dx\right) dy$

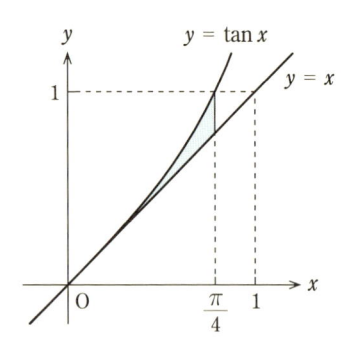

(2) 与式 $= \displaystyle\int_0^{1} \left(\int_{-\sqrt{x}}^{\sqrt{x}} f(x,y)\,dy\right) dx + \int_{1}^{4} \left(\int_{-\sqrt{x}}^{2-x} f(x,y)\,dy\right) dx$

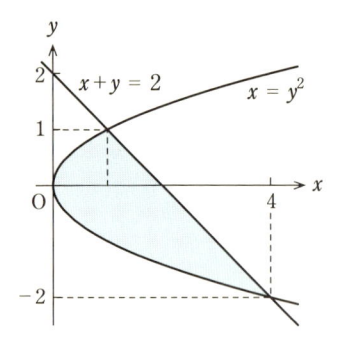

2. (1) 与式 $= \displaystyle\int_0^{\frac{\pi}{4}} \left[-\dfrac{1}{2}\cos(2x+y)\right]_{x=0}^{x=\frac{\pi}{4}} dy$

$= \displaystyle\int_0^{\frac{\pi}{4}} \left[-\dfrac{1}{2}\cos(\pi+y) + \dfrac{1}{2}\cos y\right] dy = \int_0^{\frac{\pi}{4}} \cos y\, dy = \sin\dfrac{\pi}{4} = \dfrac{\sqrt{2}}{2}$

(2) 与式 $= \displaystyle\int_1^{2} \left[\log(1+xy^2)\right]_{y=0}^{y=\frac{1}{x}} dx = \int_1^{2} \log\left(1+\dfrac{1}{x}\right) dx$

$= \displaystyle\int_1^{2} [\log(1+x) - \log x]\, dx = \left[(1+x)\log(1+x) - x\log x\right]_1^{2} = 3\log 3 - 4\log 2$

(3) 与式 $= \int_{\frac{1}{2}}^{1} \left[-\frac{2}{\pi} x \cos\left(\frac{\pi y}{2x}\right) \right]_{y=x^2}^{y=x} dx$

$= \int_{\frac{1}{2}}^{1} \left[-\frac{2}{\pi} x \cos\left(\frac{\pi}{2}\right) + \frac{2}{\pi} x \cos\left(\frac{\pi x}{2}\right) \right] dx$

置換 $t = \frac{\pi x}{2}$ を利用して

$= \int_{\frac{\pi}{4}}^{\frac{\pi}{2}} \frac{4}{\pi^2} t \cos t \cdot \frac{2}{\pi} dt = \frac{8}{\pi^3} \left([t \sin t]_{\frac{\pi}{4}}^{\frac{\pi}{2}} - \int_{\frac{\pi}{4}}^{\frac{\pi}{2}} \sin t \, dt \right) = \frac{4-\sqrt{2}}{\pi^2} - \frac{4\sqrt{2}}{\pi^3}$

(4) 変数変換 $u = x+y, v = x-y$ を行うと、$J = x_u y_v - x_v y_u = -\frac{1}{2}$ となるので

与式 $= \iint_{0 \leqq u \leqq 2, 0 \leqq v \leqq 2} u^2 \cdot e^v \cdot \frac{1}{2} \, dudv = \frac{1}{2} \left[\frac{u^3}{3} \right]_0^2 \cdot [e^v]_0^2 = \frac{4}{3}(e^2-1)$

(5) 極座標変換 $x = r\cos\theta, y = r\sin\theta$ を利用すると

与式 $= \iint_{0 \leqq r \leqq 1, 0 \leqq \theta \leqq 2\pi} e^{r^2} \cdot r \, drd\theta = \int_0^1 re^{r^2} dr \int_0^{2\pi} d\theta = \pi(e-1)$

(6) 極座標変換 $x = r\sin\theta\cos\phi, y = r\sin\theta\sin\phi, z = r\cos\theta$ を利用すると

与式 $= \iiint_{0 \leqq r \leqq a, 0 \leqq \theta \leqq \frac{\pi}{2}, 0 \leqq \phi \leqq 2\pi} r^2 \sin^2\theta \cdot r^2 \sin\theta \, drd\theta d\phi$

$= \int_0^a r^4 \, dr \int_0^{\frac{\pi}{2}} \sin^3\theta \, d\theta \int_0^{2\pi} d\phi = \frac{2\pi a^5}{5} \int_0^{\frac{\pi}{2}} (1 - \cos^2\theta) \sin\theta \, d\theta$

$= \frac{2\pi a^5}{5} \left[-\left(\cos\theta - \frac{\cos^3\theta}{3} \right) \right]_0^{\frac{\pi}{2}} = \frac{4\pi a^5}{15}$

(7) 近似増加列として $D_n = \{(x,y) | \frac{1}{n} \leqq x \leqq 1, \frac{1}{n} \leqq y \leqq 1\}$ を利用して計算する.

与式 $= \lim_{n \to \infty} \iint_{D_n} \frac{x}{(x+y)^2} \, dxdy = \lim_{n \to \infty} \int_{\frac{1}{n}}^1 \left(\int_{\frac{1}{n}}^1 \frac{x}{(x+y)^2} \, dy \right) dx$

$= \lim_{n \to \infty} \int_{\frac{1}{n}}^1 \left[-\frac{x}{x+y} \right]_{y=\frac{1}{n}}^{y=1} dx = \lim_{n \to \infty} \int_{\frac{1}{n}}^1 \left(-\frac{x}{x+1} + \frac{x}{x+\frac{1}{n}} \right) dx$

$= \lim_{n \to \infty} \int_{\frac{1}{n}}^1 \left(\frac{1}{x+1} - \frac{\frac{1}{n}}{x+\frac{1}{n}} \right) dx$

$= \lim_{n \to \infty} \left[\log(x+1) - \frac{1}{n} \log\left(x + \frac{1}{n}\right) \right]_{\frac{1}{n}}^1$

$= \lim_{n \to \infty} \left\{ \log 2 - \frac{1}{n} \log\left(1 + \frac{1}{n}\right) - \log\left(1 + \frac{1}{n}\right) + \frac{1}{n} \log\left(\frac{2}{n}\right) \right\} = \log 2$

(8) 近似増加列 $D_n = \{(x,y) | x^2 + y^2 \leqq n^2, x, y \geqq 0\}$ と極座標変換 $x = r\cos\theta, y = r\sin\theta$ を利用して計算する.

$$\text{与式} = \lim_{n \to \infty} \iint_{D_n} x^2 e^{-x^2-y^2} dxdy$$

$$= \lim_{n \to \infty} \iint_{0 \leqq r \leqq n,\, 0 \leqq \theta \leqq \frac{\pi}{2}} r^2 \cos^2\theta \cdot e^{-r^2} \cdot r\, dr d\theta$$

$$= \lim_{n \to \infty} \int_0^n r^3 e^{-r^2} dr \int_0^{\frac{\pi}{2}} \cos^2\theta\, d\theta = \frac{\pi}{4} \lim_{n \to \infty} \int_0^n r^3 e^{-r^2} dr$$

変数変換 $t = r^2$ を利用し

$$= \frac{\pi}{8} \lim_{n \to \infty} \int_0^{n^2} t e^{-t} dt = \frac{\pi}{8} \lim_{n \to \infty} \left(\left[-t e^{-t} \right]_0^{n^2} + \int_0^{n^2} e^{-t} dt \right)$$

$$= \frac{\pi}{8} \lim_{n \to \infty} \{-n^2 e^{-n^2} + 1 - e^{-n^2}\} = \frac{\pi}{8}$$

3. (1) 領域 $D = \{(x,y) | -1 \leqq x \leqq 1, \frac{1}{2}x^2 \leqq y \leqq \frac{1}{2}\sqrt{2-x^2}\}$ だから

$$|D| = \int_{-1}^1 \left(\int_{\frac{1}{2}x^2}^{\frac{1}{2}\sqrt{2-x^2}} dy \right) dx = \int_{-1}^1 \left(\frac{1}{2}\sqrt{2-x^2} - \frac{1}{2}x^2 \right) dx$$

$$= \frac{1}{2} \int_{-1}^1 \sqrt{2-x^2}\, dx - \frac{1}{3}$$

積分において置換 $x = \sqrt{2}\sin\theta$ を行うことにより

$$= \int_{-\frac{\pi}{4}}^{\frac{\pi}{4}} \cos^2\theta\, d\theta - \frac{1}{3} = \left[\frac{\theta}{2} + \frac{\sin 2\theta}{4} \right]_{-\frac{\pi}{4}}^{\frac{\pi}{4}} - \frac{1}{3} = \frac{\pi}{4} + \frac{1}{6}$$

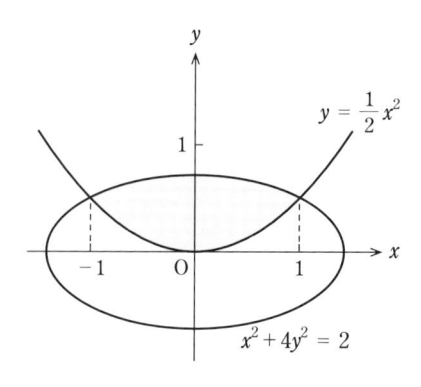

(2) 極座標 $x = r\cos\theta, y = r\sin\theta$ を利用すると，連珠形によって囲まれた領域 (x 軸，y 軸に関して線対称) は

$$D = \{(x,y) = (r\cos\theta, r\sin\theta) | \theta \in [0, \frac{\pi}{4}] \cup [\frac{3\pi}{4}, \frac{5\pi}{4}] \cup [\frac{7\pi}{4}, 2\pi], 0 \leq r \leq a\sqrt{\cos 2\theta}\}$$

と表されるので

$$|D| = 4\int_0^{\frac{\pi}{4}} \frac{1}{2}a^2 \cos 2\theta \, d\theta = a^2[\sin 2\theta]_0^{\frac{\pi}{4}} = a^2$$

4. (1) $V = \{(x,y,z) | x^2 + y^2 \leq a^2, 0 \leq z \leq a - x\}$ だから，極座標変換 $x = r\cos\theta, y = r\sin\theta$ を利用して

$$|V| = \iint_{x^2+y^2 \leq a^2} (a-x)\,dxdy = \iint_{0 \leq r \leq a, 0 \leq \theta \leq 2\pi} (a - r\cos\theta)r\,drd\theta$$

$$= \iint_{0 \leq r \leq a, 0 \leq \theta \leq 2\pi} ar\,drd\theta - \iint_{0 \leq r \leq a, 0 \leq \theta \leq 2\pi} r^2\cos\theta\,drd\theta = 2\pi a \cdot \frac{a^2}{2} = \pi a^3$$

(2) $V = \{(x,y,z) | x^2 + y^2 \leq b^2, -\sqrt{a^2 - x^2 - y^2} \leq z \leq \sqrt{a^2 - x^2 - y^2}\}$ だから，極座標変換 $x = r\cos\theta, y = r\sin\theta$ を利用して

$$|V| = \iint_{x^2+y^2 \leq b^2} 2\sqrt{a^2 - x^2 - y^2}\,dxdy = \iint_{0 \leq r \leq b, 0 \leq \theta \leq 2\pi} 2\sqrt{a^2 - r^2}r\,drd\theta$$

$$= 4\pi \int_0^b r\sqrt{a^2 - r^2}\,dr = 4\pi\left[-\frac{1}{3}(a^2 - r^2)^{\frac{3}{2}}\right]_0^b = \frac{4\pi}{3}\{a^3 - (a^2 - b^2)^{\frac{3}{2}}\}$$

(3) $V = \{(x,y,z) | x^2 + y^2 \leq x + y, x^2 + y^2 \leq z \leq x + y\}$ だから，極座標 $x = r\cos\theta + \frac{1}{2}, y = r\sin\theta + \frac{1}{2}$ を利用して

$$|V| = \iint_{x^2+y^2 \leq x+y} (x + y - x^2 - y^2)\,dxdy = \iint_{0 \leq r \leq \frac{1}{\sqrt{2}}, 0 \leq \theta \leq 2\pi} \left(\frac{1}{2} - r^2\right)r\,drd\theta$$

$$= \left[\frac{r^2}{4} - \frac{r^4}{4}\right]_0^{\frac{1}{\sqrt{2}}} \cdot 2\pi = \frac{\pi}{8}$$

いろいろな曲線，曲面

$y = x^\alpha \quad (\alpha > 0)$

$y = \dfrac{1}{x^\alpha} \quad (\alpha > 0)$

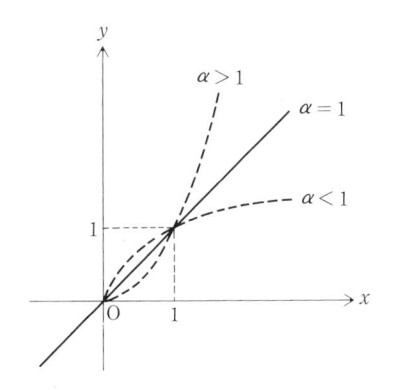

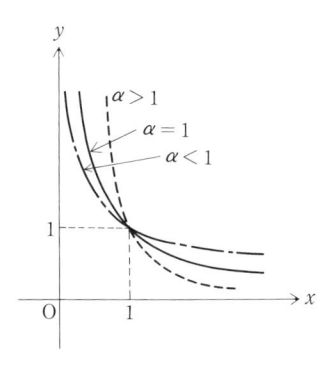

$y = \dfrac{\sin x}{x}$

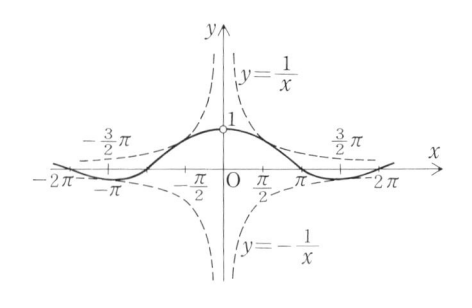

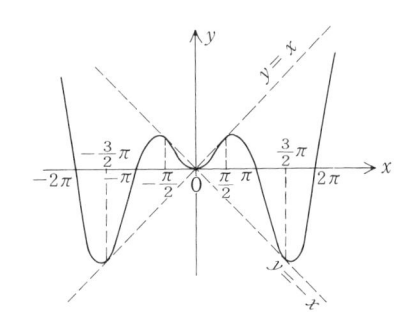

$y = x \sin x$

いろいろな曲線，曲面　　135

$y = e^{-x} \sin x$

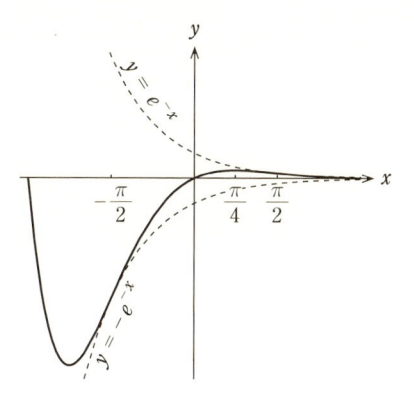

$y = \sin \dfrac{1}{x}$

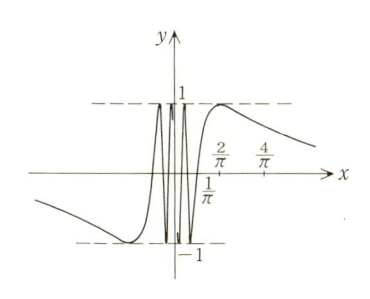

$y = x \sin \dfrac{1}{x}$

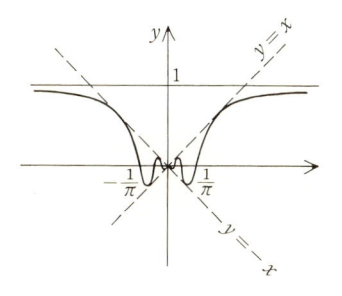

$y = \cosh x = \dfrac{e^x + e^{-x}}{2}$

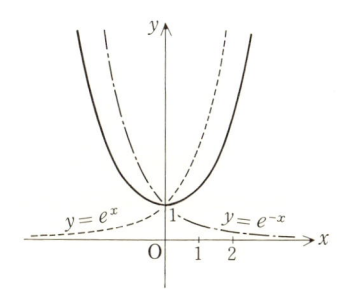

$y = \sinh x = \dfrac{e^x - e^{-x}}{2}$

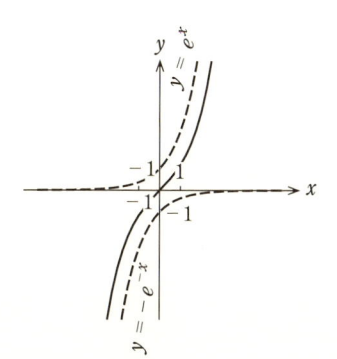

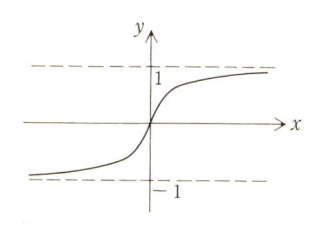

$y = \tanh x = \dfrac{\sinh x}{\cosh x} = \dfrac{e^x - e^{-x}}{e^x + e^{-x}}$

いろいろな曲線，曲面

懸垂線 catenary

$y = a \cosh \dfrac{x}{a} \quad (a > 0)$

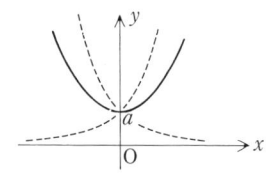

Cauchy 曲線

$y = \dfrac{1}{x^2+1}$

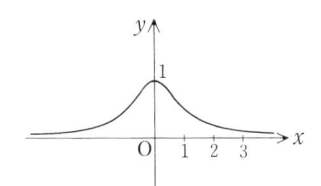

Gauss 曲線

$y = \exp(-x^2)$

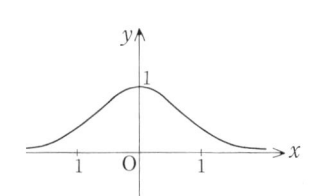

標準正規密度曲線

$y = \dfrac{1}{\sqrt{2\pi}} \exp\left(-\dfrac{x^2}{2}\right)$

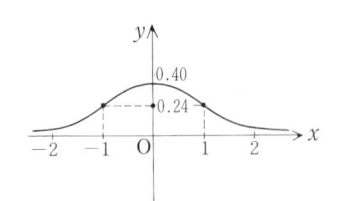

極座標で

Archimedes のうずまき線

$r = a\theta \quad (a > 0)$

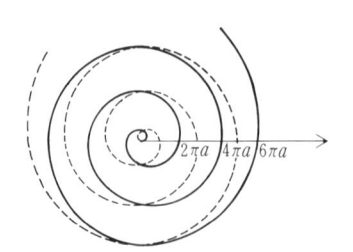

対数うずまき線

$r = e^{a\theta} \quad (a > 0)$

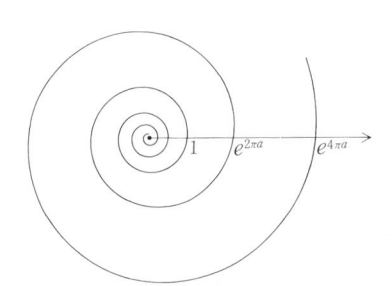

いろいろな曲線，曲面　　**137**

蝸牛線 limaçon

$r = a(1+2\cos\theta)$　$(a>0)$　　　$r = a(3+2\cos\theta)$　$(a>0)$

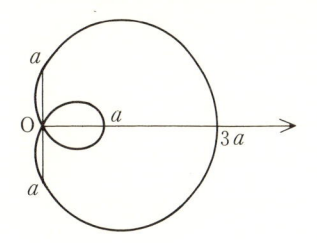

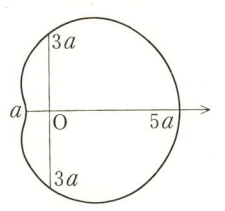

心臓形 cardioid　　　　　　　　連珠形 lemniscate

$r = a(1+\cos\theta)$　$(a>0)$　　$r^2 = a^2\cos 2\theta$

$(x^2+y^2)^2 = a^2(x^2-y^2)$

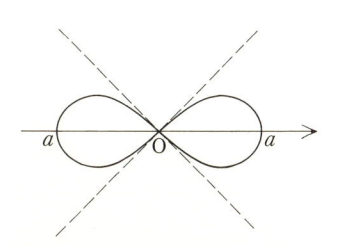

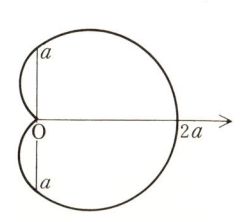

外擺線 epicycloid　　　　　　　内擺線 hypocycloid

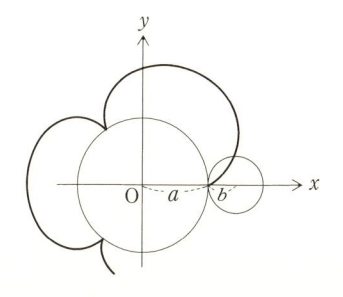

$x = (a+b)\cos\theta - b\cos\dfrac{a+b}{b}\theta$　　$x = (a-b)\cos\theta + b\cos\dfrac{a-b}{b}\theta$

$y = (a+b)\sin\theta - b\sin\dfrac{a+b}{b}\theta$　　$y = (a-b)\sin\theta - b\sin\dfrac{a-b}{b}\theta$

$(a>b)$

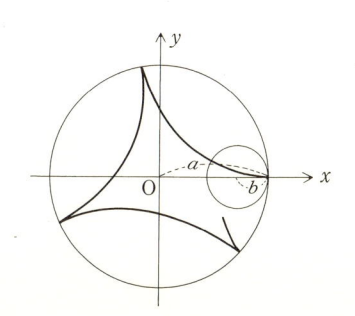

2次曲線（楕円，双曲線，放物線）

楕円 ellipse : $\dfrac{x^2}{a^2}+\dfrac{y^2}{b^2}=1$

$\begin{cases} x = a\cos\theta \\ y = b\sin\theta \end{cases}$

$a>b>0$ の場合

離心率　$e = \sqrt{a^2-b^2}/a < 1$

焦　点　$F(ae,0),\ F'(-ae,0)$

準　線　$x = \pm\dfrac{a}{e}$

双曲線 hyperbola : $\dfrac{x^2}{a^2}-\dfrac{y^2}{b^2}=1$

$\begin{cases} x = \dfrac{a}{\cos\theta} \\ y = b\tan\theta \end{cases}$

離心率　$e = \sqrt{a^2+b^2}/a > 1$

焦　点　$F(ae,0),\ F'(-ae,0)$

準　線　$x = \pm\dfrac{a}{e}$

漸近線　$\dfrac{x}{a} \pm \dfrac{y}{b} = 0$

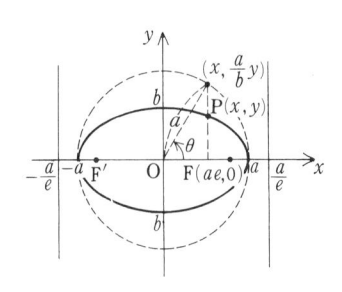

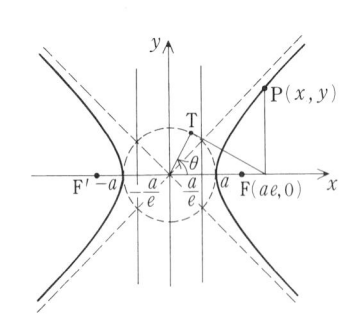

2次曲線の極方程式　$r = \dfrac{l}{1+e\cos\theta}$

e：離心率，$\overline{FP}:\overline{PH} = e:1$,　　F：焦点，g：準線

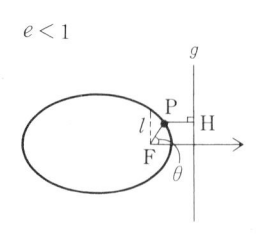

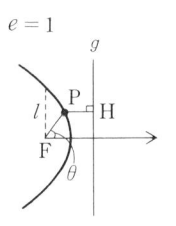

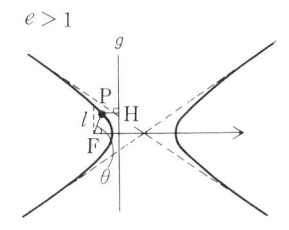

$e<1$　　　$e=1$　　　$e>1$

いろいろな曲線，曲面   139

放物線 parabola： $y^2 = 4px$

$$\begin{cases} x = pt^2 \\ y = 2pt \end{cases}$$

焦点　$F(p, 0)$，準線　$x = -p$

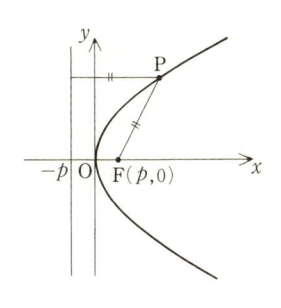

星芒形 asteroid

$x^{\frac{2}{3}} + y^{\frac{2}{3}} = a^{\frac{2}{3}}$　$(a > 0)$

$$\begin{cases} x = a\cos^3 \theta \\ y = a\sin^3 \theta \end{cases}$$

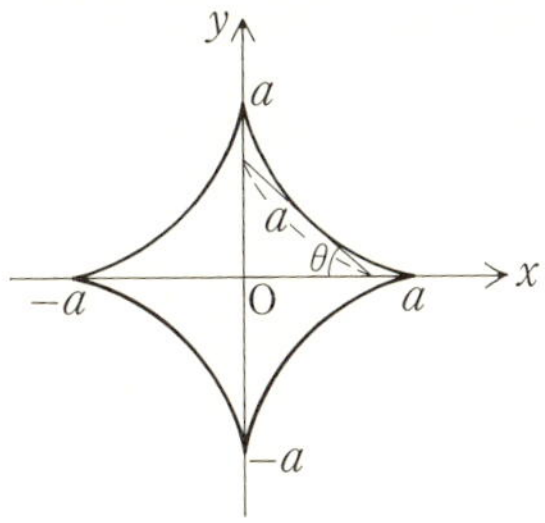

サイクロイド cycloid

$$\begin{cases} x = a(\theta - \sin \theta) \\ y = a(1 - \cos \theta) \\ \quad (a > 0) \end{cases}$$

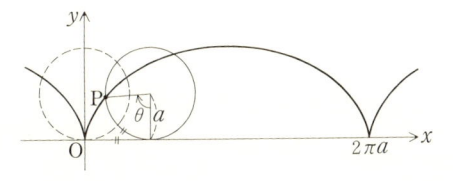

トロコイド trocoid

$$\begin{cases} x = a\theta - b\sin \theta \\ y = a - b\cos \theta \\ \quad (b > a > 0) \end{cases}$$

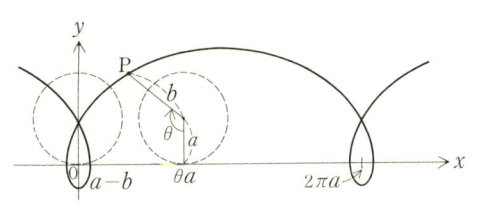

追跡線 tractrix

$x = a \log \dfrac{a + \sqrt{a^2 - y^2}}{y} - \sqrt{a^2 - y^2}$

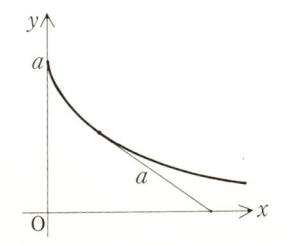

140 いろいろな曲線，曲面

正葉線 folium

$x^3 - 3axy + y^3 = 0 \quad (a > 0)$

$$\begin{cases} x = \dfrac{3at}{1+t^3} \\ y = \dfrac{3at^2}{1+t^3} \end{cases}$$

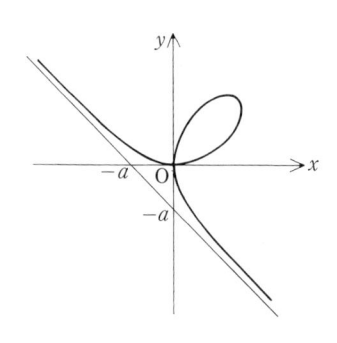

円柱つるまき線 helix

$$\begin{cases} x = a\cos\theta \\ y = a\sin\theta \quad (a > 0) \\ z = a\theta\tan\alpha \end{cases}$$

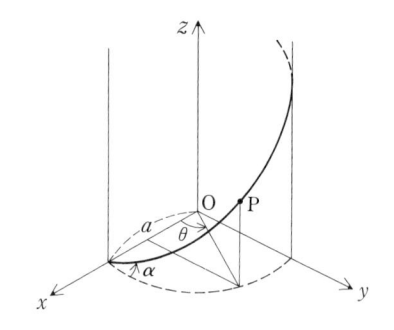

放物線 $y^2 = 4px$ の縮閉線 evolute

$y^2 = \dfrac{4}{27p}(x-2p)^3$

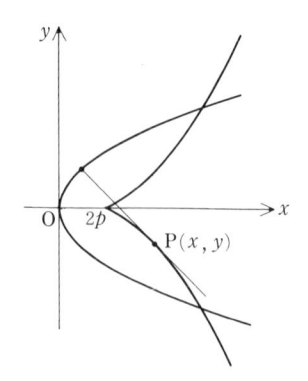

円の伸開線 involute

$$\begin{cases} x = a(\cos t + t\sin t) \\ y = a(\sin t - t\cos t) \\ \quad (a > 0) \end{cases}$$

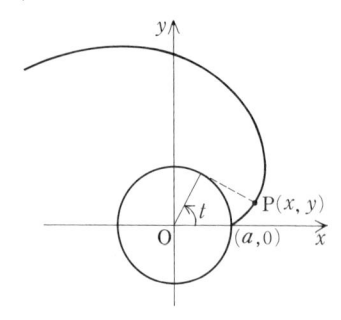

楕円面：$\dfrac{x^2}{a^2}+\dfrac{y^2}{b^2}+\dfrac{z^2}{c^2}=1$

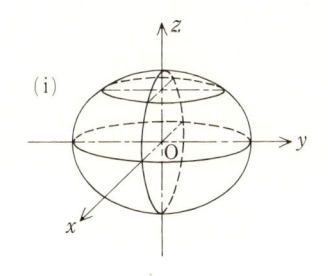

1葉双曲面：$\dfrac{x^2}{a^2}+\dfrac{y^2}{b^2}-\dfrac{z^2}{c^2}=1$

(i)

(ii)

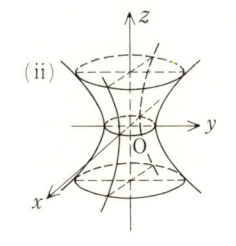

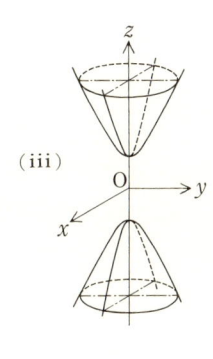

2葉双曲面：$\dfrac{x^2}{a^2}+\dfrac{y^2}{b^2}-\dfrac{z^2}{c^2}=-1$

円錐：$\dfrac{x^2}{a^2}+\dfrac{y^2}{b^2}-\dfrac{z^2}{c^2}=0$

(iii)

(iv)

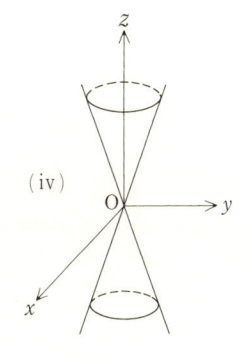

楕円放物面：$\dfrac{x^2}{a^2}+\dfrac{y^2}{b^2}=\dfrac{2z}{c}$

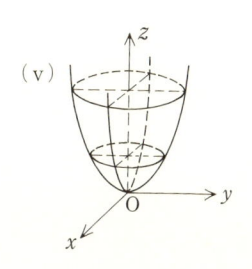

双曲放物面：$\dfrac{x^2}{a^2}-\dfrac{y^2}{b^2}=-\dfrac{2z}{c}$

(v)

(vi)

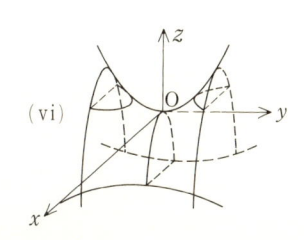

索　引

あ　行

一様連続, 26
一般解, 50
陰関数, 94
陰関数定理, 95
n 階導関数, 16
n 回微分可能, 16

か　行

逆関数の微分公式, 13
逆三角関数, 9
狭義単調減少, 8
狭義単調増加, 8
極限値, 74
極座標変換, 110
極小, 90
極小値, 90
曲線の長さ, 47
極大, 90
極大値, 90
下界, 2
原始関数, 30
高階導関数, 16
広義積分, 42
広義積分の収束判定条件, 42
広義の重積分, 114
交項級数, 72
合成関数の微分, 12
項別積分, 70
項別微分, 70

コーシーの判定法, 72
コーシーの平均値の定理, 15

さ　行

3 階偏導関数, 83
C^n 級, 16
C^∞ 級, 16
指数関数, 9
重積分の計算, 103
収束, 57
収束する, 1
収束半径, 65
上界, 2
初期条件, 50
初期値問題, 50
整級数, 65
正項級数, 58
積分可能性, 98
積分順序の交換, 105
積分の平均値の定理, 29
絶対収束, 59
線形微分方程式, 52
全微分, 79
全微分可能, 78

た　行

対数関数, 9
ダランベールの判定法, 62
単調減少, 3, 8

単調増加, 3, 8
置換積分, 33
中間値の定理, 7
調和級数, 61
定義域, 73
定数変化法, 53
定積分, 24
テイラーの定理, 17, 86
導関数, 11
特殊解, 50

な　行

2 階導関数, 16
2 階偏導関数, 83
2 変数の関数, 73
ネピアの数, 4

は　行

発散, 57
比較判定法, 62
微積分の基本定理, 31
左微分係数, 11
微分可能, 11
微分係数, 11
微分方程式, 50
不定積分, 28
部分積分, 34
部分分数分解, 37
閉領域, 74
べき級数, 65
変数分離形, 51

索　引　　143

変数変換, 111
偏導関数, 75
偏微分可能, 74, 75
偏微分係数, 74, 75
ボルツァーノ-ワイエルシュトラスの定理, 4

ま　行

マックローリンの定理, 18, 88
右微分係数, 11

や　行

ヤコビアン, 107
ヤコビ行列式, 107
有界, 2
有界領域の面積, 98
有理関数, 37

ら　行

ライプニッツの定理, 17
ラグランジュの平均値の定理, 16

立体の体積, 116
リーマン和, 23
領域, 74
累次積分, 100
累次積分の順序交換, 102
連鎖定理, 82
連続, 74
連続曲線, 47
ロピタルの定理, 19
ロルの定理, 15

執筆者紹介 (＊は編者)

安芸 重雄 (あき しげお)		関西大学システム理工学部
市原 完治＊ (いちはら かんじ)		名城大学理工学部
楠田 雅治 (くすだ まさはる)		関西大学システム理工学部
栗栖 忠＊ (くりす ただし)		元関西大学システム理工学部
竹腰 見昭 (たけごし けんしょう)		関西大学システム理工学部
吉田 稔 (よしだ みのる)		東京都市大学数学部門

理工系の微積分入門 (りこうけい びせきぶんにゅうもん)

2009 年 11 月 10 日　第 1 版　第 1 刷　発行
2022 年 2 月 25 日　第 1 版　第 7 刷　発行

編　者　　市原完治
　　　　　栗栖　忠
発行者　　発田和子
発行所　　株式会社　学術図書出版社

〒113-0033　東京都文京区本郷 5 丁目 4 の 6
TEL 03-3811-0889　振替 00110-4-28454
印刷　三松堂印刷 (株)

定価はカバーに表示してあります．

本書の一部または全部を無断で複写（コピー）・複製・転載することは，著作権法でみとめられた場合を除き，著作者および出版社の権利の侵害となります．あらかじめ，小社に許諾を求めて下さい．

© 2009　K. ICHIHARA, T. KURISU　Printed in Japan
ISBN978-4-7806-0109-1　C3041

Beta 関数： $B(p,q) = \int_0^1 x^{p-1}(1-x)^{q-1}\,dx = \dfrac{\Gamma(p)\Gamma(q)}{\Gamma(p+q)}$ 　$(p>0,\ q>0)$

Gamma 関数： $\Gamma(s) = \int_0^\infty e^{-x} x^{s-1}\,dx$ 　$(s>0)$

$$\Gamma(s+1) = s\Gamma(s),\quad \Gamma(n) = (n-1)!,\quad \Gamma\!\left(\tfrac{1}{2}\right) = 2\int_0^\infty e^{-x^2}\,dx = \sqrt{\pi}$$

平面曲線の長さ： $L = \int_\alpha^\beta \sqrt{\dot{x}^2+\dot{y}^2}\,dt$ 　$(x=x(t),\ y=y(t),\ \alpha\leqq t\leqq \beta)$

$$L = \int_a^b \sqrt{1+y'^2}\,dx \quad (y=y(x),\ a\leqq x\leqq b)$$

$$L = \int_\alpha^\beta \sqrt{r^2+r'^2}\,d\theta \quad (r=f(\theta),\ \alpha\leqq \theta\leqq \beta)$$

変数分離形： $\dfrac{dy}{dx} = f(x)g(y) \Longrightarrow \int \dfrac{dy}{g(y)} = \int f(x)\,dx + C$

同次形： $\dfrac{dy}{dx} = f\!\left(\dfrac{y}{x}\right),\quad \dfrac{y}{x}=u$ とおく

線形： $\dfrac{dy}{dx}+P(x)y = Q(x)$ の一般解 $y = e^{-\int P\,dx}\!\left\{\int Q e^{\int P\,dx}\,dx + C\right\}$

Bernoulli： $\dfrac{dy}{dx}+P(x)y = Q(x)y^n,\quad n=0,1$ のとき線形

$$n \neq 0,1 \text{ のとき } 1/y^{n-1} = Y \text{ とおく}$$

2 階線形同次： $y''+ay'+by = 0$, 特性方程式 $\lambda^2+a\lambda+b=0$

一般解 $\begin{cases} \text{i)} & \text{相異なる実解 } \lambda_1, \lambda_2, \quad y = c_1 e^{\lambda_1 x}+c_2 e^{\lambda_2 x} \\ \text{ii)} & \text{重解 } \lambda, \quad y = (c_1+c_2 x)e^{\lambda x} \\ \text{iii)} & \text{虚解 } p\pm iq, \quad y = e^{px}(c_1 \cos qx + c_2 \sin qx) \end{cases}$

2 階線形非同次： $y''+ay'+by = f(x)$

一般解　$y = [y''+ay'+by = 0$ の一般解$] + [$特解$]$

Ⅲ

全微分可能 $\iff f(a+h, b+k) = f(a,b)+f_x(a,b)h+f_y(a,b)k+o(\rho),\quad \rho = \sqrt{h^2+k^2}$

全微分： $dz = \dfrac{\partial z}{\partial x}dx + \dfrac{\partial z}{\partial y}dy$

合成関数の微分法： $z\langle{}_y^x\rangle t \quad \dfrac{dz}{dt} = \dfrac{\partial z}{\partial x}\dfrac{dx}{dt}+\dfrac{\partial z}{\partial y}\dfrac{dy}{dt}$

$z\langle{}_y^x\rangle\!\!\!\times\!\!\!\langle{}_v^u \quad \dfrac{\partial z}{\partial u} = \dfrac{\partial z}{\partial x}\dfrac{\partial x}{\partial u}+\dfrac{\partial z}{\partial y}\dfrac{\partial y}{\partial u},\quad \dfrac{\partial z}{\partial v} = \dfrac{\partial z}{\partial x}\dfrac{\partial x}{\partial v}+\dfrac{\partial z}{\partial y}\dfrac{\partial y}{\partial v}$